U0186624

原创文明中的陕西民间世界

张志春 主编

茶叶

王蓬 王欣星 著

西北大学出版社·西安·

图书在版编目(CIP)数据

茶叶 / 王蓬, 王欣星著. —西安: 西北大学出版社, 2021.3

(原创文明中的陕西民间世界 / 张志春主编)

ISBN 978-7-5604-4661-5

Ⅰ. ①茶… Ⅱ. ①王… ②王… Ⅲ. ①茶文化—陕西 Ⅳ. ①TS971.21

中国版本图书馆 CIP 数据核字(2020)第 261828 号

茶　叶

王　蓬　王欣星　著

西北大学出版社出版发行

(西北大学校内　邮编: 710069　电话: 029-88302589)

http://nwupress.nwu.edu.cn　E-mail: xdpress@nwu.edu.cn

全国新华书店经销　陕西龙山海天艺术印务有限公司

开本: 787 毫米×1092 毫米　1/16　印张: 15

2021 年 3 月第 1 版　2021 年 3 月第 1 次印刷

字数: 214 千字

ISBN 978-7-5604-4661-5　定价: 90.00 元

总 序

张志春

认真说起来，这一套丛书，是呼应全球非物质文化遗产保护运动而策划的全新选题。21 世纪之初，当“非物质文化遗产”这一概念撞入眼帘的时候，国人颇有一些陌生的感觉。似不顺口，也不知怎样简称才好。追溯传统，中国文化似乎少有从否定角度命名的习惯。除却先秦思辨中的“白马非马”的表述，一般都是直接应对且正面命名。如黑白、阴阳、昼夜、男女、好坏，无不如是。究其翻译文本的原初，是联合国教科文组织依据日文“无形文化财”的概念。所谓文化财者即文化遗产也。非物质与无形亦不过同质异构的概念罢了。它的学科基础是民俗学，期待中的非物质遗产学正在建设之中。对于这一概念，学术界初有争论，最初认作政府工作的概念，渐渐地趋于熟惯，政府、学者和民众都认可了。非物质文化遗产竟也成为这个时代街谈巷议的热词。于是乎，有关它的相关项目较有深度的叙述也成为普遍需求。

在这里，重温一下联合国教科文组织《保护非物质文化遗产公约》的定义是必要的。非物质文化遗产（the Intangible Cultural Heritage），指的是被各群体、团体、有时为个人所视为其文化遗产的各种实践、表演、表现形式、知识体系和技能及其相关的工具、礼物、工艺品和文化场所。其主要内容有：①口头传统和表现形式，包括作为非物质文化遗产媒介的语言；

②表演艺术；③社会实践、仪式、节庆活动；④有关自然界和宇宙知识和实践；⑤传统手工艺；等等。概括说来，非物质文化遗产是指各种以非物质形态存在的与群众生活密切相关、世代相传的传统文化表现形式，包括口头传统、传统表演艺术、民俗活动和礼仪与节庆、有关自然界和宇宙的民间传统知识和实践、传统手工艺技能等，以及与之相关的文化空间。可以说联合国教科文组织振臂一呼，应者云集，随即波及欧美亚非各大洲及澳大利亚，一个全球性的非物质文化遗产保护运动渐次展开。

在这一背景下，中国政府、学者和民众三位一体，旗帜鲜明的非遗保护运动紧锣密鼓地拉开帷幕。截至 2019 年 9 月，我国已有 40 个项目列入联合国教科文组织非物质文化遗产名录，居于世界榜首。作为中国非遗保护工作的重要组成部分，陕西自是硕果累累。据《陕西省非物质文化遗产网》，截至当下，陕西省非物质文化遗产项目，国家级 74 项，省级 604 项，市级 1415 项，县级 4150 项。其中中国剪纸、西安鼓乐和中国皮影已入列联合国教科文组织人类非物质文化遗产代表作名录。我们适时编撰这一套丛书，就是要对陕西非物质文化遗产项目展开专属性的叙述。

当然了，本丛书将是一个开放性规模的丛书。它所叙述的主体将从陕西省数以千百计的非遗项目中逐步选取。它可以是国家级的、省市级的，也可以是联合国教科文组织审批的全人类级别的。第一套为 9 册，可单一项目成册，同类聚合也行。选题宜从作者把握的成熟度，亦为后续留有余地来考虑。

值得注意的是，这里的叙述并非只是地域性非遗项目常识性罗列，而是陕西形象全新向度的叙述。一提及陕西，众所周知，是周秦汉唐等 13 朝建都的风水宝地，是历代精英俯仰徘徊的文化空间。在这里，帝王将相叱咤风云的业绩一再纳入底气丰沛的文字叙述；在这里，历代文人墨客留下了雄视千古的经典宝卷，成为后世荡气回肠的吟诵篇章；而这套丛书中，则呈现出一个与之鼎足而立的民间世界。这个由非遗项目支撑起来的意蕴丰沛的民间世界，呈现的是全新的陕西形象。

倘若向远古追溯，原始社会中，人类的叙述模式大约是混沌一体的，无论是讲述部落的首领还是族群。而进入分工明晰的文明时代，大致可分为由上层社会所掌控的文字叙述与民间习得的口头叙述、图像叙述的两大类型。与国外学者的一般认知与命名相反，我国学者将文字叙述的传统视为小传统，而将原始社会以来的口头与图像叙述视为大传统。恰恰在这样的分界点上，非物质文化遗产项目从整体上带有口头叙述与图像叙述的特色。这自然是意味深长的。

毫无疑问，中国的非物质文化遗产项目，在世界性的非物质文化遗产保护格局中占有重要的位置；而陕西的非遗项目，在中国这一文化地图中占有醒目的篇幅。这里有百万年前蓝田人以敲打石器为工具的传统，这里有六千年前半坡人绘制鱼纹的图像叙述传统，这里有女娲补天、三皇五帝以来的民间口头叙述传统……而这一切，切切实实地与帝王将相文人雅士的文字叙述传统共同建构了中华民族厚重丰赡的古代文明。而在民间，因其可持续的生产与生活，因其信仰与娱乐，因其岁时年节，因其人生礼仪，等等，这种种图像叙述与口头叙述得以拓展与传承，活态地遗存在今天。这是源头活水，这是国宝一般的遗存啊。不少项目仿佛银杏一般，仿佛蕨类植物一般，经历毁灭无数的冰川纪而险存于今。因其珍稀而益觉珍贵了。

当然，看似截然不同甚至对峙的两种叙述方式，却并非纯然的平行线结构。千百年高岸为谷，深谷为陵，极端者，底层的草民可能揭竿而起逆袭而成为帝王将相，顶层的冠盖人物可能因失势一落到命运的底层；即便平时，底层者可能或科举或军功而扶摇直上，位高权重者可能因告老还乡等而回归到平民之中。命运与身份的交替互换，环境与氛围的感染，自然使得看似对峙的两种叙述方式互渗互动，在一定意义上彼此接纳并分享了对方。这就是我们在民间仍能听到带有宫廷意味的西安鼓乐，其节奏旋律，其阵容架势，其器乐服饰，其演出仪态，无不呈现从容淡定的贵族色彩；这就是我们在大字不识的村野老妇的剪纸作品中，不时发现从远古到近代文献文物可以彼此印证的东西；这就是在宫廷官署只能台口朝北以示身份低下的戏曲，而在市井村落仍有高台教化的氛围……这也就是孔子所言“礼失而求诸野”的历史背景，这也就是王阳明认知众人就是圣人的别样依据。如果更为宏观来看，就不难发现，在中国，由于官方掌控或思维惯性种种原因，文字叙述的传统更趋向于整合，趋向于统一，多样性得不到充分地发育，自由境界的表达会受到更多的压抑与悬置。而根植于民间社会的口头叙述与图像叙述，由于接地气，切实用，有意无意自觉不自觉地鼓励探索与践行，鼓励与时俱进的探索创新，以更为宽容的意态接纳着多样性，从而使得更为博大的群体中潜在的创造性智慧潜能得以自由发挥，而这一切，在历时性地推敲琢磨中，在共时性地呼应普及中，积淀在有意味的形式之中，成为非物质文化遗产丰富的库存。

基于这样的认知，我们的丛书聚焦于此，就是聚焦于这些活态的非遗项目与现实生活内在的深厚关联，聚焦于项目的活态性与文明原创性，聚焦于它在中华文明坐标系中醒目的位置，力图使读者从中获得一种认同感与历史感，获得文化多样性和激发人类的创造力的直觉认知。

譬如造纸术是中华民族对人类文明的伟大贡献之一。长安北张村造纸术、周至起良村造纸术至今仍活态存在，与出土最早的灞桥纸并生于西安地区，这种巧妙的组合最容易使我们回味原创文明的非凡价值与意味。

譬如瓷器是中华文明的标志之一。耀州窑曾是享誉天下的古代名窑之一。精湛的技艺、传承的故事以及与之内在融通的民俗，都值得我们敬畏与珍视。

茶是中华民族的伟大贡献，是人类的三大饮料之一。茶树的培养，茶叶的炮制，茶马古道的今古传通，茶人的酸甜苦辣，都是一出唱不完的戏，悟不透的经。

剪纸是以陕西为主体申报的联合国非遗项目。其中颇多联合国命名的民间美术工艺大师，颇多可与世界美术大师相提并论的经典作品，更有可歌可泣的艺术悲情与励志故事。

……

总之，无论黄帝、炎帝还是仓颉的神话传说，无论是古老的高台秦腔还是街市游演的社火等，既是技术，又是艺术，更是全面应对人生百态的智慧。因需解决生产生活难题而滋生，因需破解生存困境而建构，因需满足精神饥渴而生长，它带来愉悦与便捷，它带来生活新感觉与趣味，它带来精神富足与自由，非物质文化遗产是人类智慧与创造的珍贵记忆，是历史文脉的延续，是穿越时空的文明。我们会因之对陕西的民间世界刮目相看，就会惊叹，在这一方黄土高地上，在民间，竟会顺理成章地滋生如此茁壮的中华文明根系，竟会有着如此奇异厚重的创造，令人感佩不已。作为有意味形式的非物质文化遗产，绝非化石般缩居于殿堂橱窗，或弃置于被遗忘的角落；而是如山间泉溪，过去涌动而流淌，现在仍然在涌动在流淌；仿佛明月徘徊于古人窗前，也徘徊于今人的窗前。它绝非外在的自然，而是灵性的创造，有温度的手作，历代堆垛式的琢磨与建构，人与天地自然对话的结晶。它以不可思议的生命力，陪伴着古人也要陪伴今人，顽强地穿越时间和空间，而在当下生活中活态地存在！种种非遗项目，通地气，惠民生，或诉说，或制作，或描绘，或剪贴，总之是文字叙述之外，文义的口头叙述与图像叙述的寄寓之物。于是乎，它并非规定动作的机械挪动，而是充盈着生命活力的四肢张扬；并非命题制作的僵硬堆砌，而是自由意志的形式呈现；并非四海统一的专制律令，而是奇山异水的百花齐放；文化的多样性在这里得以充分而健康地绽放。而多样性原本就是自由的形式，就是对于桎梏生命样态的解构与放飞。

如是，或许就呈现出一个陕西形象的全新叙述。它是历史的，却不同于历史性叙述；它是活态的，却不只是瞬间即逝的摄取。历史层面的叙述仅是不思量自难忘的过去，是对业已消失的既往深情的回忆，是古今多少事都付笑谈中的言说，而它却是既贯穿远古而至今仍是目前的活态存在；它是特写的，却不等同于纯文学。文学层面的叙述为了情思的真善美而容许虚构，而它的观察从宏观到细微，从成果到过程，无论是图像记录还是文字表述，全然写真；它是纪实报道的，却不等同于新闻。新闻层面的揭示着意于最近情境的变动，而它所呈现的内容则有着相当长时间段落的积淀与绽放，甚至可以追溯到鸿蒙初辟的远古。

需要说明的是，丛书的关键词是非物质文化遗产，但并非是绝对意义上的纯然无形或非物质。非物质文化遗产是有物质载体的。它的第一载体就是人，传承人的文化行为、文化技艺、文化表演就是非物质文化遗产的典型形态。非物质文化遗产就是依托于人本身而存在，以声音、形象和技艺为表现手段，并以身口相传作为文化链而得以延续，是“活”的文化及其传统中最脆弱的部分。它是以人为本的活态文化遗产，活态流变是其发展模式。而第二载体呢，是物，就在我们身边，是耳熟能详，随处可见的。如戏曲中的文乐武乐，服饰道具；造纸技艺下的纸张，剪纸作品；制茶技艺下的茶叶；再如庙会这样的民俗文化也离不开剧场、广场等文化空间……皮之不存，毛将焉附？基于这样的考虑，我们将以一定的特写镜头聚焦这些非物质文化遗产传承人。在取与舍的斟酌中，舍弃百度式的知识组接，防止人物淹没在项目或技艺的过程叙述中，拒绝追根溯源的沉浸阻滞非物质文化遗产主体的活态现状，阻断将非遗项目与原生态生活剥离出来如钓鱼出水那样……意在知人论世，点线面结合，多层面多向度地呈现非物质文化遗产的原生态风貌，诉说代代相续千回百转的传承故事，解读其传承人有所担当的文化负重等。全面性，细节化，情感化！唯愿有所感悟的他者叙述和随笔式的灵性文字，拼成一桌文化大餐，呈现在亲爱的读者您的面前。

2020 年 2 月 22 日

自　序

中国应是发现茶、利用茶、栽培茶、制作茶乃至饮用、药用，用以易马、易绢，发展茶叶贸易，区划茶区，制作茶具，培养茶艺，诞生茶诗、茶话、茶技术、茶文化最早的国家。延续数千年，名茶辈出：西湖龙井、黄山毛峰、六安瓜片、太平猴魁、正山小种、紫阳毛尖、泾阳茯茶、秦巴雾毫、汉中仙毫……每种名茶的栽培、制作、品饮乃至茶具，莫不包容中华文化发展的历史轨迹，足可引为国粹。也足以证明：茶叶的发源地在中国。

那么，我们国家是在什么年代发现茶树茶叶、开始饮用的呢？成书于先秦战国时代的《神农本草经》中记载："神农尝百草，一日遇七十二毒，得荼而解之。"对这段文献，历来有多种解读，但对"荼"即是茶，诞生于史前三皇之世并无异议。最普遍的说法是先祖神农在尝百草以了解药性时中毒，倒在一株茶树下面，茶树上落下的露水流入他口中，神农方得以解毒苏醒。所以茶最早是以药入典。自然，其中许多功效是在漫长的历史实践中逐步认识的。但仅以清热解毒，让人苏醒的功效便被古代先民尊为宝物珍品，并用于祭祀。从史前三皇五帝到西周东周，古人都非常重视祭祀。天地祖先，上元冬至，四时八节，春耕秋获都要备供品以祭祀。《礼记·地官》记载：有"掌荼"和"聚荼"，即有专人"掌荼"，作为祭品用于祭祀。

茶源于中国除了典籍记载外，还有古茶树的存在作为有力证据。茶树是一种常绿木本植物，高度可达 15 至 30 米，基部主干直径可达 1.5 米以上，寿命达千年之久。植物学家认为茶树是山茶科中比较原始的物种。野生古茶树在我国西南云南、贵州、四川、秦巴山区都有发现，云南省古茶树直径1米以上的就有10株之多，经科学测定，其中一株有1700年树龄。云南思茅千家寨有野生茶树群落达数千亩，其中龙潭大茶树高18米，基部干径1米。这些野生古茶树的存在给茶叶起源于中国提供了证据。

需要说明的是野生古茶树与今天栽培类茶园茶树有一定区别。自从古人发现茶树的药用饮用功能，以及在饮用过程中逐步发现其清热、止渴、利尿、舒肝等诸多功用，在开始掌握移植栽种树木技术的基础上，也对野生茶树进行了移植栽培，历经千载，成就了今日常见的栽培类茶园。为了达到利益最大化，便于栽培、管理和采摘，首先要把茶园规划成排，茶树之间有一定距离；再是用修剪方法限制茶树长高，便于采摘，树高多在0.8米至1.2米之间。茶树的采摘期也就是效益期多在50至60年，当产茶量下降，茶树呈枯萎状时便需更新茶树，或更新茶树品种。

唐时陆羽所著我国首部茶叶专著《茶经》开篇就载："茶者，南方之嘉木也，一尺、二尺乃至数十尺，其巴山峡川有两人合抱者，伐而掇之……""巴山峡川"应指陕西境内地处秦巴山区的汉中、安康、商洛。事实上此三地从历史到今天都是陕西主要产茶区，有紫阳毛尖、汉中仙毫、商洛白茶等名茶行世。《宋史·食货志》载"汉中买茶，熙河易马"，不仅反映出陕西宋时茶业的繁盛，还说明茶与国家边境贸易与边关安危紧密相关。

汉中位于陕西省西南部，长江最大支流汉水发源于此。汉中也是由汉水在秦岭与大巴山之间冲积的一块带状盆地，汉水两岸的原野之外，分别是丘陵、浅山、中低山区，海拔800～1600米，雨量丰沛、气候温和，是世界同纬度地带中最适宜茶树生长之地。据中国现存最早的地方志晋代学者常璩所著《华阳国志》记载，古巴国献茶周武王，其茶"形似月亮，紧压成团，名曰西乡月团"，这应该是世界上最早的贡茶。在汉中勉县米仓道支线有一方南宋绍熙五年（1194）的摩崖石刻，内容为禁止私运茶与食盐的布告，揭发者可得赏钱五十贯。这块摩崖石刻虽不起眼，却反映出中国农耕经济时的一桩大事，这便是始于唐，盛于宋，延续至明清的“汉中买茶，熙河易马”。

熙河即甘肃临洮，是茶马互市的另一个重镇。生活于北方和青藏高原的游牧民族，由于以牛羊肉和高寒地区生长的青稞面为主食，肠胃难以接受，需要茶叶帮助消化。史载“腥肉之食非茶不消，青稞之热非茶莫解”，这表明茶叶为游牧民族生活必需。但牧区高寒并不产茶，只能以生产的骏马及毛皮与内地贸易，以物易物。临洮由于占有地形之利，相邻的吐蕃、吐谷浑、党项、蒙古均为不可或缺茶叶又无法生产的游牧民族，他们必须寻找到最近的茶叶集散地。秦岭南侧的汉中就成为首选之地。笔者曾查汉中方志，仅是宋神宗熙宁七年（1074），汉中收购茶叶便达700余万斤。加之荆襄四川涌来的茶叶，形成规模巨大的茶叶市场，吸引了周边胡汉商贩云集汉中，形成城市经济的空前繁荣，客栈、酒楼、茶肆林立，商幡招展，贿货山积，成为与国都开封和成都并列的全国三大税收城市。有资料表明，汉中茶叶除供北方西夏、吐蕃、回纥等游牧民族之外，还远销中西亚乃至欧洲，汉中茶业贸易兴旺至明清。《明史》上说，汉中繁华虽不及长安，亦陕西第二大都会也。

再是关中泾阳作为南茶北运的重要集散地，南方的茶叶通过茶马古道转运至泾阳，通过泾阳当地分拣—渥堆—炒制—气蒸—灌封—锤筑等工序，加工为形似秦砖的泾阳茯茶。从宋代开始，历经明、清至民国，鼎盛时期，泾阳茶庄达上百家。泾阳茯砖茶在明清乃至民国，支撑了中国茶叶市场及外销的半壁江山，沿古老丝路穿越河西走廊、天山南北乃至西亚诸国，还向西南茶马古道输血，与川茶、滇茶争雄，凭借物美价廉、便于运输等优势销往川藏，乃至印度与尼泊尔。

尽管，岁月流逝，新旧交替，远输西域欧亚的茶马古道已为高速公路和高铁所取代，传承千载的手工制茶技艺也让位于电控智能制茶机器，传统制茶工具几乎消失殆尽，但无论古今，人们对茶叶的需求与饮茶习俗并无太大变化。陕西境内秦岭南麓茶山茶树依旧，茶姑携筐采茶依旧；而关中泾水河畔的茯茶百家竞秀，一座以生产茯茶为主的小镇拔地而起。且让我们随着几位手工制茶技艺传承人的讲述，去陕南茶区、去茯茶小镇窥探紫阳毛尖、汉中绿茶、泾阳茯茶，以及略阳罐罐茶的魅力风采，了解和认识千百年来茶区群众的风物风情和关于他们传承手工制茶的叙说不尽的美丽动人的故事……

2020年3月31日

目　录

引　子

茶圣陆羽

在中华大地，只要说茶，便有一个绕不开的人物，他就是被历代都尊为茶圣的陆羽。可以说，只要了解陆羽，便找到一把打开茶学世界的钥匙。

陆羽

且将新火试新茶，诗酒趁年华。

［宋］苏轼《望江南·超然台作》

每年清明前后，秦岭南麓，一夜春雨，汉水两岸千山万岭茶园便泛起鹅黄淡绿，嫩芽绽放枝头，茶乡顿显繁忙。农舍起炊烟，茶姑喜携筐，不出三五日，便会有新茶上市。一枚枚扁条形的茶叶，绿莹莹的，仿佛刚从枝头采下。闻闻，有股淡淡的春草树芽气息。洗净茶杯，捏一撮，指尖也润润的，一股热水注入，刚刚浸润茶叶；少顷，等茶叶伸展，茶味泡开，再添进水去，杯底的茶叶纷纷展开两片嫩绿的蕊芽，在水中浮上浮下，仿佛嫩叶摇曳枝头。轻轻呷一口，闭目品味，只觉得一股清香沁入肺腑，天大的事都且放开去了。不知多少年月，新茶开园上市，在许多嗜茶者心中都是件如同盼望年节般的喜庆事。

在中华大地，只要说茶，便有一个绕不开的人物，他就是被历代都尊为茶圣的陆羽。可以说，只要了解陆羽，便找到一把打开茶学世界的钥匙。陆羽生活在1300年前的唐代，他一生都对茶叶有浓厚的兴趣，曾亲临多地茶乡，研究茶树栽培、茶叶炒制、茶叶冲泡、茶叶水质……写出世界上第一部茶叶专著《茶经》。在栽培茶、品味茶、了解茶、研究茶方面取得了无与伦比的成就。为中国茶业发展做出了划时代的贡献，被誉为“茶仙”，尊为“茶圣”，祀为“茶神”。

同时，陆羽还是一位诗人、文学家、史地学家。唐代许多著名的诗人、高僧、文学家乃至皇帝高官都与陆羽交往较密。比如唐代宗李豫，光禄大夫、书圣颜真卿、天宝状元皇甫冉，以及著名诗人刘长卿、孟郊、张志和等人，他们与陆羽或谈诗论道，或品茗说茶，或结伴出游……与这些身处中枢、各界贤达的交往对陆羽开阔视野、恢宏气度、充实胸臆有很大帮助，也让他对茶叶以及茶在人们日常生活中的作用及对精神心灵的影响有了更

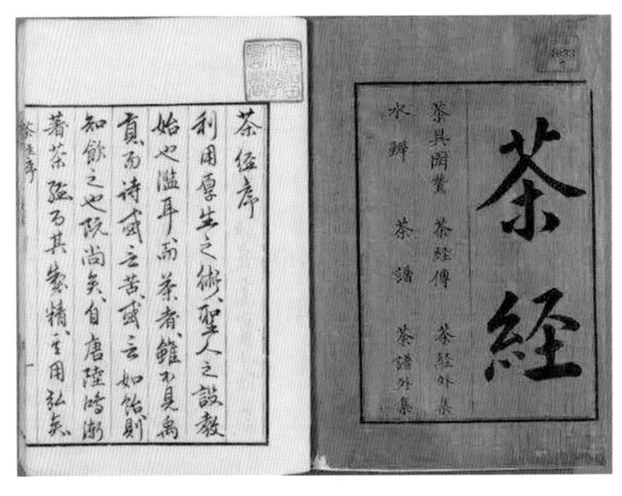

茶經序
利用厚生之術、聖人之設教
始也濫耳、而茶者、雖不見禹
貢、而詩或云苦、或云如飴、則
知飲之也、陝尚矣、自唐陸鴻漸
著茶經、品其要精、至用弘矣、

《茶经》

深层次的认识，将儒学和佛学的感悟融入《茶经》的创作中，使整部著作不囿于茶叶的栽培、制作、冲泡、品饮，而上升到哲学、伦理、心灵的精神层面。可以说他开启了一个茶的时代。除《茶经》外，陆羽曾编写过《谑谈》三卷，为我们展示出唐代市井充满生机的风俗画卷；他还是一位历史地理与方志专家，有多部史地著作传世。《全唐文》中有《陆羽自传》，新旧《唐书》都为陆羽列传，使他名标青史，垂范后世。但陆羽一生充满传奇。

陆羽生于至今都为国人骄傲的盛唐开元二十一年（733），但他个人的命运却很悲惨，竟是一个弃儿，至死都不知父母为何人，因而也无法了解其祖籍家世。《新唐书》和《唐才子传》里，都记载唐开元年间一个深秋清晨，复州竟陵（今湖北天门）龙盖寺的智积禅师路过一座小石桥时，听见桥下雁鸣，走近一看，只见几只大雁正用翅膀护卫着一个冻得发抖的男孩，智积把他抱回寺中收养，这个男孩就是陆羽。这座石桥由此被称为“古雁桥”，遗迹犹在。为何陆羽被养育到 3 岁之大而遭遗弃，至今是未解之谜。

陆羽在龙盖寺度过童年，出于天性他对清静无为的寺庙生活感到厌倦。12 岁时，乘人不备逃出，到一个戏班子里学演戏。他虽其貌不扬，有些口吃，却幽默机智，演丑角很成功。这段阅历使陆羽熟悉了市井生活，洞察到劳动者的幽默，为编写笑话《谑谈》打下基础。

24 岁时陆羽结交了佛教大师皎然，皎然已 40 多岁，俗名姓谢，是南朝名臣谢灵运的十世孙。唐代著名诗人刘禹锡名作《乌衣巷》中有言："旧时王谢堂前燕，飞入寻常百姓家。"其中谢家即为皎然先祖。陆皎两人心性相通，成为忘年之交，结谊凡 40 余年，皎然对陆羽写作《茶经》帮助最大，提供食宿，讨论文稿，结伴出游，《茶经》篇章文字间超越凡尘的禅境仙风正源于此。两人贯穿毕生的情谊在《唐才子传》中有专章描述。《唐诗三百首》中有皎然的《寻陆鸿渐不遇》，其中，鸿渐指的就是陆羽，鸿渐为陆羽字。皎然此诗讲述的就是寻找居于湖州青塘别业的陆羽的事儿。

陆羽自称陆文学，曾写《陆文学自传》。节录如下：

> 陆子，名羽，字鸿渐，不知何许人。或云字羽名鸿渐，未知孰是。有仲宣、孟阳之貌陋，相如、子云之口吃，而为人才辩，笃信褊噪，多自用意，朋友规谏，豁然不惑。凡与人宴处，意有所适，不言而去。人或疑之，谓生多瞋。及与人为信，虽冰雪千里，虎狼当道，而不愆也。
>
> 上元初，结庐于苕溪之滨，闭关对书，不杂非类，名僧高士，谈宴永日。常扁舟往山寺，随身惟纱巾、藤鞋、短褐、犊鼻。往往独行野中，诵佛经，吟古诗，杖击林木，手弄流水，夷犹徘徊，自曙达暮至日黑，兴尽，号泣而归。故楚人相谓，陆子盖今之接舆也。
>
> 始三岁，惸露育乎竟陵大师积公之禅院。自幼学属文，积公示以佛书出世之业。子答曰："终鲜兄弟，无复后嗣，染衣削发，号为释氏，使儒者闻之，得称为孝乎？羽将授孔圣之文可乎？"

公曰："善哉！子为孝，殊不知西方染削之道，其名大矣。"公执释典不屈，予执儒典不屈。公因矫怜无爱，历试贱务，扫寺地，洁僧厕，践泥污墙，负瓦施屋，牧牛一百二十蹄。

竟陵西湖，无纸学书，以竹画牛背为字。他日，问字于学者，得张衡《南都赋》，不识其字，但于牧所仿青衿小儿，危坐展卷，口动而已。公知之，恐渐渍外典，去道日旷，又求于寺中，令其剪榛莽，以门人之伯主焉。或时心记文字，懵然若有所遗，灰心木立，过日不作。主者以为慵惰，鞭之，因叹："岁月往矣，恐不知其书"，呜咽不自胜。主者以为蓄怒，又鞭其背，折其楚，乃释。因倦所役，舍主者而去。卷衣诣伶，当者谑谈三篇，以身为伶正，弄木人、假吏、藏珠之戏。

陆羽自传，应为信史。从中不难看出他出身寒微又任性自强，守信义、重情感、多才艺，不避贵贱，广交朋友，做事执着，是性情中人。

陆羽生活的年代是公元 733 年至 804 年，经历了"安史之乱"，正是唐王朝由盛而衰的转折阶段，也是中国文化史上最为开放的时期，广采而博纳，儒释道汇流。唐代朝野凡尘，王公贵族、文人士族、市井百姓普遍嗜茶。唐时流传过陆羽轶闻：唐代宗时，邀积公和尚到宫中，宫中煎茶能手沏上等好茶，让积公品尝。积公接茶在手，只喝一口，就放下茶碗。皇上问何故，积公笑答："我所饮之茶，都是弟子陆羽所煎。再饮别人煎的茶，就感无味。"皇帝听罢，问陆羽在何处。积公答道："陆羽喜游名川，不知现在何处。"于是代宗派人四处寻找陆羽，终于在舒州（今安庆境内）山寺找到，即召进宫去。代宗见陆羽虽其貌不扬，但出言不俗，见多知广，十分欢喜。请他煎茶，陆羽就取出自制好茶，用泉水烹煎，献给代宗。代宗接过茶碗，刚揭开碗盖，茶香迎面扑来，再看碗中茶叶淡绿清澈，品尝香醇无双，连连点头。让陆羽再煎一碗，由宫女送给积公和尚品尝。积公端起茶来，喝了一口，即大声喊道："鸿渐在哪里？"代宗一惊："积公怎么知道陆羽来了？”积公笑道：“此茶只有渐儿才能煎出，当然就知他来了。”

代宗十分佩服积公和陆羽的煎茶、品茶之功的精到，欲留陆羽在宫中供职。但陆羽不羡荣华又回到山野去了。这则轶闻还有佐证：据《新唐书》和《唐才子传》记载，唐代宗曾下诏拜羽为太子文学，又徙太常寺太祝，但都未就职。唐时曾任过衢州刺史的赵璘，在《因话录》里说，陆羽“性嗜茶，始创煎茶法。至今鬻茶之家，陶为其像置于炀器之间，云宜茶足利”。

如此嗜茶的社会风尚为《茶经》的问世打下社会基础，文章合为时而著。或者说已历数千年之久的茶叶发源地呼唤着一部巨著的诞生。陆羽 30 岁后到江南湖州居住，产生为茶写书的念头，于是专心考察茶乡、名山、泉溪、寺庙、市井；留意鉴茶，辨识天下名茶、名水，以及各地茶、各类茶的比较，搜集大量茶叶产、制、销售资料，对唐时茶情可谓成竹在胸。这时他结识了时任无锡县尉的皇甫冉，皇甫冉系天宝状元、公认名士，与陆羽交好，乐意为他著写茶书提供帮助。陆羽 33 岁时完成《茶经》初稿，之后不间断地补充完善，48 岁时方成书《茶经》，表现出一种执着、一种无与伦比的坚韧。

陆羽一生没有结婚，没有家庭和孩子，半儒半僧、半官半民、亦庄亦谐，不愿出仕，宁可隐居、漂泊，与名僧高士为伍，把毕生精力都投入茶叶研究。所以在唐代兼容并包的文化背景下，喜欢茶的高士无数，唯独他成为一代茶圣。

那么陆羽所著《茶经》是一部什么样的书呢？《茶经》是现存最早、最完整、最全面介绍茶的一部专著。《茶经》共三卷十章七千余字。第一章开篇就展示出陆羽对茶的深刻了解，以及他丰富的植物学知识、土壤学知识、药物知识和文字功夫。他对茶进行全方位的论述，高屋建瓴，立论宏阔。

第二章讲采茶、制茶的 15 种工具及其形制、规格、用途，并讲述唐代制作饼茶的“采、蒸、捣、拍、焙、穿、封”等七道工艺流程，表明唐代的制茶工艺已十分讲究，有系列配套的制茶工具，已有杰出的工匠和公认的制茶标准诞生，所以能够产生质量上乘的饼茶。

第三章详细讲述采茶节令选择，叶芽叶片选择，以及茶叶、茶饼如何鉴别优劣。对市场上各地所产茶饼形状色泽有细致描写，生动传神，让人过目难忘。

第四章对茶叶在煎饮过程中，需要采用的 8 类 29 种 40 件煎茶器具的介绍，形状、规格、质地、用法都有细叙。陆羽还对前朝的烹饮技艺进行总结，比较优劣，产生出经他规范了的“陆氏煎茶法”。

第五章讲烹茶艺术，叙炙茶、看火、择水及煎茶、酌茶、分茶之法，进一步说明煎茶法的程序：炙茶、碾茶、筛茶、煮水、投茶、酌茶、吃茶。

第六章讲茶之饮，茶之利，茶之俗，茶之难。重点是《茶有九难》一节，道出茶饮成败之关键，一字一句皆是多年经验之积累，不用心推敲无法悟其真谛。

第七章罗列前朝茶史历史，涉及茶功、茶俗，茶文化及茶与释、道、儒三教的关系，史料翔实，内容丰富，堪称唐之前的茶叶史话。

第八章讲唐代茶区分布，茶叶生产，以及何为名茶。由此可推知陆羽已涉足全国大部茶区，才能有此巨著宏论。唐时茶业重要性仅次盐政，是国家财政重要来源。《茶经》的诞生为唐代振兴茶业做出了巨大的贡献。

第九章讲制茶工具、煎茶器具在特殊环境中的简化。陆羽熟悉社会，体察下情，深知他规定的 24 种茶具在市井不一定齐备。但强调：“但城邑之中，王公之门二十四器缺一，则茶废矣。”在陆羽眼中茶人该有等级的，这也说明唐代多种茶文化圈的存在,而且十分讲究。饮茶已遍及国内各个阶层。

第十章强调要把《茶经》经文书于白卷，张挂室内，经常诵读，日在实施，月则坚守，就可具备《茶经》的要求成为合格茶人。

不难看出《茶经》是陆羽亲临茶区，笃行细察，取得茶叶生产和制作的可靠资料，又遍稽群书，广采博纳茶农茶人采制、置器、冲饮经验的总结。仅仅七千字，就把“茶”论述得完备透彻，点滴不漏，堪称一部完整的茶学大全。在中国茶史上，陆羽开创的一套茶学、茶艺、茶道思想，是一个划时代的标志。千年岁月过去，我们今天采取对即将消失的许多非物

陆羽读《茶经》

质的传统工匠工艺进行保护，实为明智之举。细想陆羽为茶领域的“工匠工艺”做出了何等重要的贡献。《茶经》总结前朝茶史，讲述茶功、茶俗，茶文化及茶区分布，茶叶生产；涉及采茶、制茶的 15 种工具及其形制、规格及用途，讲叙唐代制作饼茶的“采、蒸、捣、拍、焙、穿、封”七道工艺流程。若无《茶经》记载，仅是唐之后五代十国的战乱不止，必将导致工艺失传，人们面对茶树茶叶完全可能因一无所知而无所适从。

再是，《茶经》中讲叙烹茶、炙茶、看火、择水及煎茶、酌茶、分茶之法，规定的茶具多达 24 种；还强调：“但城邑之中，王公之门二十四器缺一，则茶废矣。”也许我们会质疑：唐代人喝茶真的是这么讲究，有那么复杂吗？

的确，今天饮茶，不管是多么名贵的茶叶，只需一壶一杯，茶叶放进杯中，从电热水器中冲进沸水，瞬间便可举杯品茗。问题根本在于与处于封建社会峰巅的唐代相比，今天的生活方式与节奏已发生很大变化。今天高速公路、高铁四通八达，各种信息铺天盖地，谁有耐心慢条斯理地喝茶？深信大多数人只是解渴稍带品味。而古人则不同，由于交通、信息传递的限制，古人需把大量时间用在路途和“过程”上。仅是百余年前，林则徐流放新疆，雇用牛车十辆，乘马三匹，从西安出发，沿丝绸古道，就走了整整五个月。另据明清两代沿用的《天下水陆路程》载：西安至汉中段，设18驿，即走完全程需18天时间。而今乘坐高铁仅用一个小时。在这种行进中许多古代文人完成了自己的创作，比如汪灏，清初进士，官至礼部侍郎。康熙年间，他以山陕学政身份来汉中主持科考，一路诗兴大发，结集十首《栈道杂诗》，镌刻于三块石碑，现已作为文物，迁汉中市博物馆。再如清初文豪王士祯曾先后三次往来于秦蜀古道。除著有《蜀道驿程记》等三种笔记述录外，还写诗近百首，如今都成了蜀道研究者关注的文化遗产。而现在高铁一个小时即可走完此段，别说写诗，恐怕连沿途站名都没记住。

陆羽和古茶树

只有在农业文明时代，古人才会重视一年二十四节气，从上元、立春，清明、惊蛰到端午、七夕、中秋、重阳，扫墓祭祖，春耕收获有条不紊，各种礼仪家规、传统技艺也会在这些“过程”中不知不觉传承下来。人世间许多东西需要岁月积淀，比如一个优秀工匠的诞生，一门精绝手艺的传承，几乎是毕生经验的积累，几代工匠的心血，甚至是无数次失败的教训后，才有一星半点的收获。没有岁月积淀就不可能有优秀工匠的出现与精绝手艺的传承。

《茶经》中记载的24种茶具，催生了多少制造工艺的诞生，提供就业，充实市场，若无《茶经》，现代人真不知道古人怎样种茶、采茶、制茶、炙茶、碾茶、筛茶、品饮茶呢！

陆羽称得上是茶学创始、茶艺规范、茶具倡导等的集大成者，一位无可取代的茶学巨匠。无怪，宋代诗人陈师道在宋版《茶经序》里写道：“夫茶之著书，自羽始；其用于世，亦自羽始。羽诚有功于茶者也。上自宫省，下迨邑里，外及戎夷蛮狄，宾祀燕享，预陈于前；山泽以成市，商贾以起家，又有功于人者也。”也就是说，陆羽是天下第一位写茶书的人，对茶事茶人功不可没。陆羽从唐代起，就被人尊称为“茶圣”，这是亘古未有的巨大荣誉。《茶经》一问世，即洛阳纸贵，风行天下，掀起阅读和珍藏高潮。

也无怪美国茶叶学者威廉·乌克斯在1935年出版的《茶叶全书》中指出：“中国学者陆羽著述第一部关于茶叶之书籍，于是在当时中国农家与世界有关者，俱受其惠。故无人能否认陆羽之崇高地位。”世界著名科技史家李约瑟博士，将中国茶叶作为中国四大发明之后对人类的第五个重大贡献。

陆羽一生酷爱自然。《全唐诗》载有陆羽的一首《六羡歌》：“不羡黄金罍，不羡白玉杯；不羡朝入省，不羡暮入台；千羡万羡西江水，曾向竟陵城下来。”《全唐诗》第308卷首附记陆羽另一首诗：“月色寒潮入剡溪，青猿叫断绿林西。昔人已逐东流去，空见年年江草齐。”

“一器成名只为茗，悦来客满是茶香。”陆羽之前，茶写作“荼”，有着药的属性。陆羽之后，茶才正式有名，流传至今。一举成为中华民族历久不衰的日常饮品和精神缩影。

陆羽还曾编著过《南北人物志》《吴兴刺史记》《吴兴图经》《慧山记》等史学著作，说明他对方志也是很感兴趣和极有研究的。

开门七件事："柴米油盐酱醋茶"。茶已成为中国千家万户日常生活中不可或缺的饮品。从典籍记载、古茶树存在，以及今天遍及南方各省的茶园茶树，可以自豪地说，茶的根在中国，茶文化的源头在中国。茶叶自发现为人所用，已有数千年的历史。茶丰富了人类的食品，还因茶而诞生茶区、茶农、茶具、茶器、茶税、茶政、茶马交易、茶绢交易、贡茶制度……在人类社会发展中起了积极的推进作用。同时还因茶而诞生茶礼、茶俗、茶歌、茶诗、茶艺、茶禅、茶道……丰富了人类的精神生活，滋润心灵，启迪智慧，使我们因茶而在心中感到春意盎然，萌生愉悦。

每年清明，端起一杯绿茶，闻茶品香，静气闲神，水汽升腾之间，仿佛见位老者，坐溪边茶亭，正拂须展眉，品茶入定，一派道骨仙风，他便是茶圣陆羽。

第一章

泾阳茯茶　一段传奇

茯茶为什么偏偏诞生于泾阳？因“南方有嘉木”，茶树主要生长于秦岭以南，八百里秦川并无茶树生长。其中既有历史因由，也富于传奇。

陝西官茶票

陝西財政廳 為

右票給商人益生源 准此

中華民國廿七年 月 日

廳長王德溥

陕西官茶票

近年来，随着电视剧《那年花开月正圆》热播，泾阳茯茶受到各界关注。因为此剧正是以经营泾阳茯茶致富的安吴寡妇周莹为线索，真实再现泾阳茯茶历史上的辉煌。吴氏家族是泾阳有名财东，以经营茯茶起家。后由丧夫女子周莹主持家业，经营有方，商行扩展至江淮流域，年收入银钱数百万两。有“吴家伙计走州过县，不吃别家饭，不住别家店”之说。1900年，庚子国变，慈禧逃至西安。安吴寡妇到西安拜见，捐白银10万两，又进贡茯茶，深得慈禧太后欢心。慈禧收周莹为义女，封其为二品诰命夫人。茯茶由此被称“福茶”，名声愈震。慈禧手书匾额尚存。其故居安吴堡抗战时曾为中共中央培训青年干部场所，现属全国重点文物保护单位。从安吴堡还走出了钱钟书的老师、中国现代文学大家吴宓……一时间，去泾阳参观者络绎不绝，给了人们一次了解泾阳茯茶、感受泾阳茯茶的绝佳机会。鉴于泾阳茯茶独特的制作技艺已被列为陕西省非物质文化遗产保护项目，笔者因承担《原创文明中的陕西民间世界》丛书“茶叶卷”的撰写工作，2019年4月18日至20日，专程到泾阳，参观茯茶博物馆，采访了泾阳茯茶协会主任孟长春、副主任李娜，及泾阳茯茶制作技艺代表性传承人贾根社。

一

要了解泾阳茯茶，首先要了解泾阳。值得庆幸的是1993年9月，我曾因工作需要在泾阳生活过一个多月。起因是1992年，时任陕西省作协副主席的陈忠实、贾平凹便酝酿着要让陕西文学走向社会，具体措施是陕西省作协与西安电影制片厂联合创办长安影视公司中心创作组，陈忠实、贾平凹、王蓬、高建群、张子良、杨争光、芦苇、竹子等8人为首批成员。4月8日长安影视公司中心创作组在西安挂牌成立。同时，又由张子良、高建群赴陕北搜集素材；竹子、王蓬赴陕南搜集素材，目的是创作一台法制节目的电视连续剧。9月初，集中时间共同策划。参加的人有张子良、王蓬、高建群、竹子，地方选择在泾阳嵯峨山下的泾惠渠首，这是秦代大型水利工

泾阳县安吴堡《那年花开月正圆》吴家东院原型地 袁志刚/摄

程郑国渠起点，亦是历代维修遗迹汇聚之处，文管所有前后两院房子，我们借用其中一院，独立且水电俱全，十分安静，是策划作品的好去处。最终结果是创作了30集电视连续剧《好戏连台》，由长安影视公司中心创作组于1994年制作完成，中央8套与多省电视台播出。在泾阳的一个多月里，我抽空游览了郑国渠、太壶寺、大地原点、泾阳博物馆等，故对泾阳还有些了解，知晓那是发源于陇山泾水积淀的一方厚土，泾河自嵯峨、北仲两座山口冲出，由北向南流淌，渭河则由西向东从八百里秦川流过，两河相交汇，产生成语：泾渭分明。

凭此，也该称为风水宝地，更何况中国最早的《诗经》便在《小雅·六月》中直接描述泾阳："侵镐及方，至于泾阳。"之后，周、秦、汉、唐均属京畿重地。泾阳也委实出众，平原广阔无垠，置身其间，放眼环顾，四野直达地平线。从地图上看，泾阳大致在中国疆土中心点上。所以中华人民共和国大地原点便选在泾阳县永乐镇北流村。

此外，泾阳塬北嵯峨、北仲山下，有唐宣宗与德宗的贞、崇二陵。我专去访古，因1200年前，德宗曾到汉中避朱泚之乱，免百姓赋税，提南郑为赤县（直辖）。可惜，历千年风雨，陵廓格局犹在，城阙殿宇却无存。蓝天艳阳下，有放牧的羊群经过，我还在荒芜的陵地拾到一块唐代工匠所作“手印砖”。

那么，茯茶为什么偏偏诞生于泾阳？因“南方有嘉木”，茶树主要生长于秦岭以南，八百里秦川并无茶树生长。其中既有历史因由，也富于传奇。首先是因泾阳所处地理位置决定的。古语：无水不成道。沿河谷能避山川之险，马帮驼队也离不开水源。公元前138年，张骞出使西域，丝绸之路贯通欧亚，丝路从长安出发，至咸阳道分南北两线，一支沿泾水经泾阳、长武、平凉，越六盘山至兰州，此为丝路北线，也即今日东起连云港、西至霍尔果斯口岸的312国道。另一支沿渭水，经宝鸡、天水至兰州，此为丝路南线。两路并行，驰驿奔诏，商旅不绝。泾阳为丝路北线所必经。丝路输出并非全是丝绸，茶叶亦为大宗，输入则有玉石、天马、香料等，故也有学者称其为玉石之路、天马之路、香料之路等。

咱们主要说茶马之路。首先，中国是茶叶的故乡，是世界上最早发现茶、培育茶、饮用茶并创造了灿烂茶文化的国家。唐代陆羽所著中国首部茶叶专著《茶经》问世后，人们便以为茶叶自唐代方为人所知所用。这其实是误解，早在陆羽之前约800年的西汉，王褒的散文《僮约》中就出现“茶具”，提到如何汲水，如何煎用，如何储藏，等等，表明茶叶很早就有饮用程序，茶具也到了十分讲究的地步。那么，由此推测，茶叶的发现与饮用应远在三皇之世。

中国西部游牧民族主要以牛羊肉、青稞小麦为主食，而“腥肉之食非茶不消，青稞之热非茶不解”，需要的茶叶数量相当巨大。但西部并不产茶，马帮来内地主要是运茶，这也是商道被称为“茶马古道”的原因。茶马古道历史久远，最早记载见《新唐书·陆羽传》：“时回纥入朝，始驱马市茶。”

表明早在唐时，就开始和游牧民族吐蕃、回纥以茶易马的商贸活动。这样可以起到外安抚边民，内充实军力、驿力，活跃边贸的多重效果。所以历代中央政府都很重视，专设茶马司，配备熟悉情况的官员和通晓胡语的翻译任通司来加强管理。《宋史·职官志》记载：“榷茶之利，以佐邦用；凡市马于四夷，率以茶易之。”《明史·食货志》载：“番人嗜乳酪，不得茶，则困以病，故唐、宋以来，行以茶易马法，用制羌、戎。”可见，唐宋以来，茶叶都如同汉时盐铁由国家专营，是关乎国家税收与边关安危的战略物资。

关于茶马古道历代文献多有记载，费孝通先生在其《中华民族多元一

裕兴重茯茶
袁志刚/摄

丝路北线　泾河乾坤湾　袁志刚/摄

体格局》中指出，中国西部有两条民族经济文化交流的走廊，一是今天的宁夏、甘肃一带的黄河上游走廊，一是滇川藏地区六江流域走廊，人们形象地把前者称为“丝绸之路”，后者称为“茶马古道”。其实，无论“丝绸之路”还是“茶马古道”，大宗输出都是茶叶。而且，都以长安为起点，其为多个朝代都城是主要原因；另外，长安也是内地连接西部游牧民族的最近都市。历史上产于湖湘、巴蜀、苏浙等地的丝绸汇聚长安，西输欧亚。萧规曹随，秦岭以南所产茶叶，如费孝通所说，一是就近走滇川“茶马古道”，输入青藏乃至尼泊尔、印度；二是穿越秦蜀古道以汉中、长安为起止汇聚，最终运抵甘、宁、青、新乃至西亚各地。唐宋以来，长安便成为茶马互市的主要通道。泾阳因为在丝路北线必经之地，又处泾水之畔，便于承担主要交通运力的骡马饮水撒欢，便成为陕南、巴蜀、湖湘茶叶销往西部的重要集散地。古代长途运输长达数月，由于产茶与驮运都有季节性，需避开雨雪时段，故南方茶叶越过秦岭，再向西北转运时，犹如国家控制的战略物资需要汇总、储备、调剂而设粮库、盐库、武库一样要设茶库。按吐蕃、回纥、西夏、瓦剌等不同游牧民族需求而开放“边市”发放茶叶，地址选在交通便捷的四通之地泾阳。向西北驮运需要“茶引”即茶马司所发的专用票据，每张“茶引”可驮多少茶叶有定规。再是，商队获取茶叶也需重新打包，采用用皮革缝制的专用茶驮，以适宜长途运输。

二

在这漫长的岁月中，一个看似偶然却必然会发生的事情出现了，根据泾阳茯茶协会主任孟长春先生提供的多种资料，事情大致发生在北宋神宗熙宁年间（1068—1077）。一天，泾阳有位茶商发现收存的湖南安化茶包在途中曾遭雨淋，扔掉可惜，存之发霉，便把雨淋过的茶叶放在太阳下晾晒，准备干后再打包入库。没想到这些茶叶存放一段时间后生出星星黄点，没有霉味，却散异香。再试着冲泡，品尝之后，并无异味，还有回甘醇厚之感，索性畅饮几碗，结果额头出汗，肠胃舒畅，神清气爽，妙不可言。茶商惊喜之余，再找多人品饮，结果一样，都言这生着星星黄点的茶叶比原来的茶更好喝。茶商趋利，索性把茶叶中的星星黄点称为“金花”，再有意加水晒干，存放让其发霉，待生出“金花”，加价出售，获利更丰。这个茶商没有想到偶然中发生的事情竟然在由绿茶、红茶、白茶、黑茶、青茶、黄茶等六大类品种构成的茶叶家族中，再由湖南安化为原料的黑茶中派生了一个新的茶叶品种：泾阳茯茶。而之所以称为茯茶，大约因为伏天太阳大，更利晒茶之故。

在泾阳关于茯茶诞生有多种版本流传。比如另一个说法是：北宋神宗

康定茶庄分包的茶工
庄学本摄于 1938 年

时，一个泾阳籍茶商以船运茶到泾河码头，需要说明的是现在许多河流都无船帆踪影，但古代不是这样，黄河、渭河、泾河都曾通航，京杭大运河犹如今天的津浦铁路，是贯通南北的大动脉。茯茶的原产地茶从湖南一路由湘水、长江、汉水、丹江运至丹凤，才走陆路越秦岭，再由渭河、泾河水运至泾阳。在泾河码头卸船时，有一只船发生侧翻，许多茶包掉入河水中，捞起运回县城作坊，晾晒渥堆后，打包入库，没有及时运走。数月后发现包中茶叶片上出现黄色斑点，先以为茶叶“霉变”，但闻着又无霉味；泡汤尝试后发现茶汤红亮，汤味醇厚，喝后茶香中夹杂着草药香味。扔掉可惜，不扔又心虚。最后采取变通办法把这批茶运到兰州低价处理。岂料，泾阳茶商第二年再运茶到兰州时，兰州茶商追问去年的那种茶叶还有没有，草原牧民说那个茶叶消食好喝。既然好喝好销，茶商后来在集散、加工、制作时，就有意按去年落水茶叶的情况处理，果真又发现按此法加工之茶中普遍长出“金花”，销出后益发受到更多牧民欢迎。于是家家都按此程序造出遍生“金花”的茯茶，最终成就了拥有独特风味和特殊功效的“泾阳茯砖茶”。

虽然版本传说不同，但内容却大致相近，其实这件事迟早会发生。就比如发生在茶马古道“滇藏线”上的故事。茶叶从滇西南茶区运到滇西北，再转运至藏区、牧区乃至销往国外，少则数月，多则一年。在长期贮运过程中，茶叶历经冷热交替，湿寒更迭，海拔升高，会自然发生缓慢的发酵，茶叶外形由绿变褐，汤色则变得红艳，滋味浓酽中带着醇甘，无论口感还是汤色都更加受欢迎。尤其是牧民再配以酥油、食盐、调味品，成为酥油茶后更成为牧区牧民不可缺少的经典饮品。“普洱红茶”也成为一款无法仿制，独树一帜，深受人们喜爱的名茶。因而，也可以说人类的文明史便是一部人类的发现史。

泾阳茯茶最初是散茶，后来为了便于运输，不断设法缩小散茶体积，在这个过程中，注定是集中了多家茶商的智慧。一家在压缩茶叶上独辟蹊径，另一家就会在外包装上下足功夫，经过几百年不断探索，茶叶加工程序逐步完善，手工技艺渐趋成熟，每家茯茶作坊都拥有了身怀绝技的工匠，形成整套独特的手工窍道，最终把散茶压缩改制成砖块形状，定名茯砖茶。经多名专家考证，比较统一的说法是茯砖茶诞生于明洪武元年（1368）。之后，众多茶商参与进来，从原产地的茶叶的选择、质量要求，到整个砖茶的制作工艺，乃至茯砖茶的尺寸、大小，发酵湿度与温度把控，晾晒时间长短等都逐渐形成完整的工艺程序和质量标准。成熟后的茯砖茶原料多以湖南安化黑毛茶为主，后来也有距离更近的陕南紫阳、汉中茶叶，并不要求清明前后的嫩叶，清明茶价高且不经泡。夏秋老茶最好，量大价低，养分足、口劲大，最适宜做茯砖茶。所以每年秋季，各家茶商都会派出经验丰富的行家里手去湖南安化，陕南紫阳、汉中一带采购夏秋粗茶。湖南茶打包由湘水转至汉口，再由汉水、丹水运至丹凤龙驹寨水旱码头，最后再运回泾阳。陕南茶则由骡马驮着沿秦蜀古道运回。每年夏秋收茶，冬春制茶，各

中国古代茶叶运输码头

丝路北线：嘉峪关悬壁长城　纪晓峰/摄

家茶商都有专门的制茶作坊，有专门的工具与工匠，讲究的还要在开工时看准时辰，挂红绸、放炮助兴。然后工匠各司其职，严格遵照制作工序操作，几乎完全靠着手工工艺制作出茯砖茶。在泾阳贾氏茯茶博物馆，我见到几块印有不同商号、不同年代的茯茶砖，说明当时茯砖茶已出现品牌，诸家竞秀，才把泾阳茯茶的知名度推到广为人知、前所未有的高度，使泾阳茯茶在长达900多年中，支撑了中国西部茶叶消费的半壁江山。

湖南茶叶在泾阳经过加工成为砖茶，再向各地发运，历经明、清、民国，数百年间，在泾阳人的眼中已形成一道不朽的风景。经秦蜀古道穿越秦巴大山，发往西南川藏、滇藏的茶叶多以骡队驮运；沿古老丝绸之路发往西北牧区的茶叶多以驼队驮运。泾阳的大小客栈里，每天都客商辐辏，骡马欢腾，有些大客栈很是排场，客商、伙计、脚夫各有客房，牲口亦有圈舍，最大的可容数百头骡马与骆驼。出行常在早上，太阳出来，朝霞一片火红，披挂停当的马帮驼队便要出发。多日歇息，吃饱喝足，无论骡马骆驼都分外精神，耳朵竖立，鬃毛直摆，昂头嘶鸣，毛皮闪着光亮，尾巴也甩着，迫不及待地要出发的模样，常是驼铃叮当、披红挂彩的头驼走出一里多远，尾驼还在泾阳城中，惹得半城百姓来看热闹，十分壮观。

至今，泾阳县城里有巷子叫骆驼巷。据说过去巷子里栽有很多拴骆驼的石柱，不少大户人家门前都有上马石，后来县城改造拓宽道路，拴骆驼的石桩被清理，但许多上马石留存至今。泾阳城墙的形制不是方方正正，而是少见的金龟形，是因商队进出所修。每临黄昏，西门、北门会迎来进城的商队，南下川滇、北上秦陇的驼队马帮一路响着驼铃，吆喝着号子，泾阳城里街巷便也喧闹，柴火噼啪燃烧，炊烟争相升起，待到骡马铁蹄叩击石板街面时，饭香、菜香、肉香、酒香便在整个街面弥漫，紧接着卸驮的骡马饮水、打滚，伙计们则吆二喝三，街巷灯火通明，直闹腾到深夜方才安歇。这道风景持续几个世纪，泾阳作为丝绸之路南茶北运的重要集散地，南方的茶叶通过茶马古道转运至泾阳，通过泾阳当地分拣—渥堆—炒制—气蒸—灌封—锤筑—捆扎—自然发花等秘制工序，加工为形似秦砖的泾阳茯茶，泾阳当地茯茶的生产商户近百家，分拣人员近万人，各地销售商达上千家。

从宋代开始，历经明、清至民国，泾阳富商无不依靠经营茯砖茶，或与茯茶紧密相关的行业，比如酒楼、客栈、马帮、制茶工具等起家。泾阳茯砖茶的兴旺也吸引了近有三原、富平、咸阳、渭南，远有山西、甘肃、湖南安化等地商人来泾阳投资建厂制茶。鼎盛时期，泾阳茶庄达上百家。此情形从一件历史往事可窥一斑：清同治年间陕甘回民起义，泾阳白彦虎参与，曾攻打泾阳县城，危急时刻，茯茶商号护城也是护业保命，用装茶木箱垒筑起新城，泼水冻冰，茶砖竟能围城，可见数量之巨，惊人想象。事实是泾阳茯砖茶在明清乃至民国，支撑了中国茶叶市场及外销的半壁江山，

泾阳骆驼巷 纪晓峰/摄

不仅沿古老丝路穿越河西走廊、天山南北乃至西亚诸国，还向西南茶马古道输血，与川茶、滇茶争雄，凭借物美价廉、便于运输等优势销往川藏，在成都、雅安、自贡、康定、松潘、果洛、玉树等茶叶集散商埠都建有泾阳茯砖茶商号。

三

泾阳茯砖茶何以畅销各地，享誉中外？固然以质量取胜、滋味醇厚、清香持久、便于运输，加之商家经营有方为各方认可。但真正原因直到科技发达后的今天才真正解开。

首先在于泾阳的地形之胜，这与贵州赤水河产茅台酒有相似之处，有赖于大自然的神奇赐予的独特水土，使得泾阳茯茶中产生出一种金花菌，被科学家命名为“冠突散囊菌”。这种金花菌孢子是原茶自身内就有的，但只有在泾阳自然条件下才能生长。泾阳县城距西安仅40公里，历为京畿重地，地处泾河和冶峪河之间，北有北仲、嵯峨两座山系，形成河流贯穿，风吹水流的湿地气候特征，这在秦岭以北，八百里秦川中绝无仅有；再是两千多年来引泾灌溉，地下水呈弱碱性，钾离子、钙离子、氟离子等含量较高。正是这独特的自然环境，形成独有气候条件，才适宜金花菌繁殖生长。如前所叙，茯茶在偶然机遇中诞生，经营茶者发现了商机，不断注入聪明智慧，发扬工匠精神，在近千年的制茶岁月里积累经验，吸取教训，终于总结出完整配套的制茶技术，从原料的选择、炒茶的火候、水分含量的把握、发花时间的掌控，以及茶砖体松紧大小的尺寸等都有了严格的程序与规定。可以想见，在漫长的岁月里，最重要最深刻的变化渐渐地、不知不觉地在茯茶作坊里展开，这是由于茶商林立、工匠增多、作坊倍添后，迟早要发生的一场革命。那就是作坊与作坊之间，工匠与工匠之间的竞争。这种竞争在经历了最初的盲目与混乱之后，最终表现在了人才的卓越和产品的质量上。那些手艺精湛的工匠成为多家作坊争夺的对象，最终导致了工匠们对技术技巧的潜心钻研。以致造成某个家族对某种技术的垄断，父子相传，或传媳不传女的家族已在泾阳茶商中出现。

当然，行有行规，商有商道，有共同遵守的规则与潜规则。竞争的前提是不挖同行的墙脚，不动别家的奶酪。倘若品行低劣、不守行规，会遭到所有同行的蔑视，大家会不约而同在不露声色之中，让你一败涂地，永世再难翻身。在发生过几个案例之后，几辈人都会牢记，不会有这样的事再在儿孙中发生。所以，所有商家只会在那些尚未开发的领域进军，在那些尚需改进的工艺上努力。茯茶作坊悄然展开的竞争最后又表现为产品的精细分工：有的作坊专门生产适宜西走关陇、远销欧亚的茯砖茶，因路途遥远，茶砖更要结实，且沿途气候干燥，茶砖不可过干，经多次尝试，终于对茶砖的干湿程度有了准确地把控；而销往川藏的茶砖，多有雪雨，茶砖更需密实，包装则采用牛皮，以防渗水……开始这些工作都是男人在做，

泾阳县茯茶镇中国茯茶文化博物馆茯茶文化演艺　褚亚玲/摄

后来连女人也参加进来，暗中较量，一比高低，用绣花做针线的心机在包装上绘制花朵图案，既是美化，也是商标，在人类销售这个谋生手段上费尽了心思，把茯茶的制作与经营做到极致，做到登峰造极，为泾阳人和泾阳茯茶争足了脸面，也在中国茶叶史上书写下划时代的、辉煌灿烂的一页。

这其中最值得大书一笔的是泾阳制作茯茶中凸现的工匠精神，是工匠们继承创新、不断完善的制作工艺与一丝不苟、精益求精的制作手艺。稍加细想，就会感知这是一个多么宏大又神奇的领域。古时没有天气预报，也没有温度计和干湿仪，一切全凭茶工的经验把握。尤其是炒茶、烘干那些关键环节，一着不慎，满盘皆输。趋利所致，多少年来，多有商家想引进茯砖茶制作技艺，也有商人多次耗资践行，但怎么都做不出泾阳茯砖茶味，均告失败。就像茅台酒离了赤水河怀仁镇也做不出来一样。由此取得共识，得出“非泾水不渥，非伏天不作，非金花不成，非泾阳不宗”的说法。泾阳遂成为茯砖茶唯一的、不可再生的产地。

光绪末年之前，砖茶厂里的工作场景

四

历史上泾阳茯茶最光彩的一页是与民族英雄林则徐、左宗棠的交集。林则徐虎门销烟，受到全国民众爱戴。他一生曾到陕西两次：第一次是在道光七年（1827）任陕西按察使兼署布政使，仅半年时间，未到泾阳。第二次是因禁烟遭贬，赴戍新疆，途经西安（1842 年），因患疟疾暂留调治，偶遇泾阳茶商姚正元，姚用茯茶治好林的病，深感惊奇的林则徐专程到社树堡了解泾阳茯砖茶，并与姚家结缘，多次到泾阳社树姚家品饮泾阳茯砖茶。他赞赏泾阳茯砖茶："一日无茶则滞，三日无茶则痛，泾阳茯砖茶果然名不虚传。"此语经林则徐之口，广为传布，流传至今。

泾阳茯砖茶还与左宗棠收复新疆有关。左宗棠（1812—1885），出生于湖南湘阴一个耕读世家，青年时屡试不第，转向学习经世治用之学，遍读群书，精研兵法，并撰联自励："身无半亩，心忧天下；读破万卷，神交古人。"太平天国起义，湖南首当其冲，曾国藩奉命组建"湘勇"，也为左宗棠登上历史舞台提供了机遇，他应邀入幕湖南巡抚衙门，出谋献策，精心策划。其时，太平军攻南京、下安庆攻势凶猛，但在长达 6 年的时间里，湖南却安然无恙，还有力支持了相邻的湖北、江西、广西等地，其中左宗棠功勋卓著，最为突出。一时间潘祖荫"天下不可一日无湖南，湖南不可一日无左宗棠"的评价传遍朝野。之后，左宗棠创建楚军，攻城略地，屡建战功，出任闽浙总督，开办马尾船厂，再任陕甘总督，成为晚清与曾国藩、李鸿章并列的中兴名臣。

左宗棠一生最光彩，也最为国人称道的是收复新疆。在陕西时，左宗棠曾到泾阳拜谒恩师徐法绩（泾阳县人）。泾阳知县得知后，特意选用了泾阳茯茶接待。左宗棠落座后，小饮一口，就感到味道特别，问县令是何茶？县令回答："是本县所产之茶。"左宗棠愕然："北地自古不产茶，泾阳何以有茶？"县令答道："这本是大人故乡之茶，到泾阳加工另行制作的。"左听后甚是欢喜，还抽空到几家茶号巡视一番。

左宗棠到陕西水土不服，饮故乡湖南所产原料、再由泾阳加工制出的茯茶后大为好转。受此启迪，日后湘军西进新疆作战时，左宗棠便令携茯茶同行。此茶正好解将士思乡之情、不服水土之疾。也因几万湘军所需，茯茶需求量一路倍增，行情大涨。左宗棠由此看到商机，索性推行茶务改制，推生《变通茶务章程》，改“引”为票，并在甘肃增设南柜（湖湘商行）。这一茶事制度变革，极大地增加了湘茶进入泾阳茶叶总量，湖南 10 多家茶商相继在泾阳开业制茶。

在 1873 年之前，茶商内部分为东西两柜。东柜为汉族，西柜为回族。到 1873 年之后，陕甘总督左宗棠改引为票后，有意扶持湖南人，泾阳增加了南柜（全系湖南人），如乾益升、鼎裕隆等五六家。南柜乾益升一家请领茶票约是全部的一半之多，每年销茶五六百余票，每封茶官方规定价格为纹银一两七钱左右，每票合计 1260 余两，年销茯茶可获白银 75 万两，而当时 10 两白银即够中等人家一年开销，可见茶商获利何等巨大。

南柜的开设，仍然采用茯茶传统手工工艺，雇用泾阳当地制茶工匠，“湘商”的加入让泾阳茶业更为兴隆。因为产地与加工地都有更多制茶与经商高手加入，两边都轻车熟路，纵横捭阖，收茶、运输、加工、销售，再西运欧亚，实现真正的产、供、销、运一条龙。伴着左宗棠与湘军收复新疆的盖世功勋，民众的敬仰之情，客观上为泾阳茯砖茶开拓了更广阔的市场，也把泾阳茯砖茶推向登峰造极的地步。据《泾阳县志》载：“清雍正年间，泾邑系商贾辐辏之区，清朝至民国是泾阳茯砖茶的鼎盛时期。”另据清代卢坤《秦疆治略》记载：“泾阳县官茶进关，运至茶店，另行检做，转运西行，检茶之人，亦有万余。”从记载看，仅是对茶户所产砖茶进行质量安检、进行票引真伪辨别的公务人员就多达万人，那么，对应的是多么庞大的市场规模！

泾阳茯砖茶还与辛亥革命元老、大书法家于右任有不解之缘。泾阳本系于右任的故乡，于老对茯茶也一往情深。1921 年，于右任任陕西靖国军总司令，率部抗击北洋军阀，往返奔波于渭北各靖国军防区。盛夏7月，于右任冒着酷暑来到泾阳防区。泾阳各界为支援革命，为靖国军捐钱捐粮，以泾阳茶行捐资最多，让于右任深受感动。他说："茯砖茶八百多年来，一直被官方用来调控'茶马交易'，官方称其为'安边茶'。而今又大力支持革命军，堪称'安国茶'也。"遂挥毫泼墨，书北宋诗人黄庭坚《戏答史应之三首》其一赠给以邓鉴堂为首的泾阳茶行："甑有轻尘釜有鱼，汉庭日日召严徐。不嫌藜藿来同饭，更展芭蕉看学书。"至今墨宝尚存，以激励后人。

民国时期，泾阳已成为全国最大的南茶西运加工集散地。泾阳县城亦成为名实相副的茶城。城内茶坊遍布、茶商林立，茶号茶行多达86家。其中著名的有天泰通、裕兴重、元顺店、积成店、昶胜店、泰和城、协信昌，年销泾阳茯砖茶万担以上。加之配套服务的客栈、骡马行，商贾云集，热闹非凡，给泾阳带来空前繁盛。至今县城还有麻布巷、骆驼巷、造士街、粮集巷等街巷，这些都是泾阳茶市兴盛的见证。泾阳茯砖茶除销往西域各地外，更远销至俄罗斯、西亚诸国、阿富汗等40余个国家。

五

中华人民共和国成立后，公私合营成立了泾阳人民茯茶厂，生产的红星牌茯砖茶享誉西北，深受边疆人民喜爱。1958年，按照国家"多快好省"建设方针，为减少二次运输费用，将生产加工移至原料主产地湖南益阳安化县，继续茯砖茶的生产供应。但是，泾阳茯砖茶的文化和生产工艺仍在民间口口相传，生生不息。时至今日，泾阳茯砖茶的"金花"，学名"冠突散囊菌"，仍以泾阳本地生产茯砖茶的菌落最为饱满，颜色最为鲜艳，香气最为持久，滋味最为纯正，是黑茶精品中的精品。据现代科学研究，"冠突散囊菌"具有特殊的养生保健功效，是现代都市"三高"人群的健康饮品，所以泾阳茯砖茶又被称为"健康之茶"。茯茶的保健功能和药理功效之所以比其他茶品更为突出，主要是茯茶的"发花"工艺，在茯茶中生长形成了

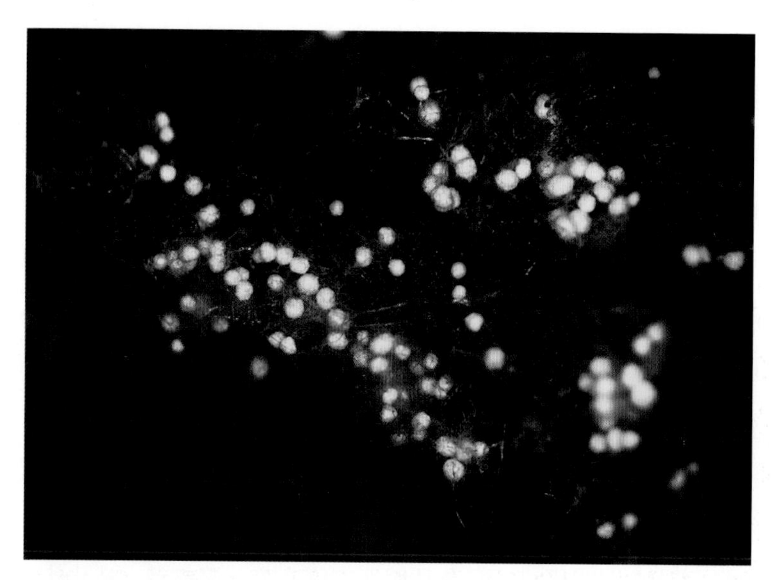

茯茶金花——冠突散囊菌（一） 褚亚玲/摄

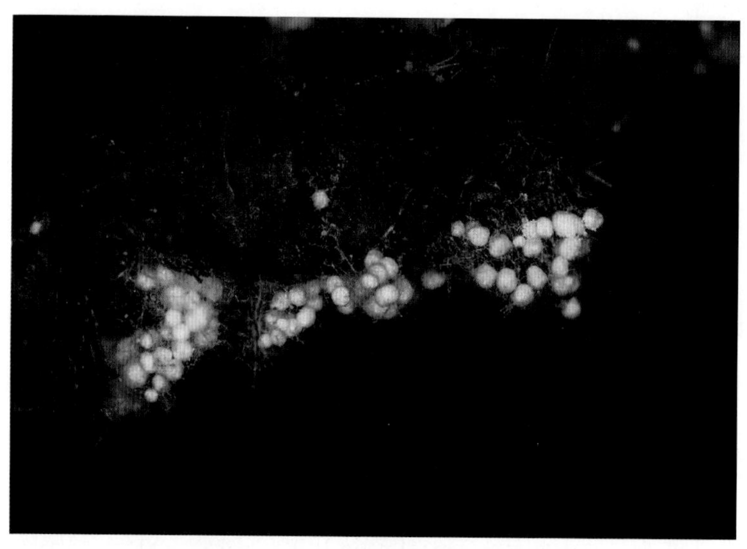

茯茶金花——冠突散囊菌（二） 褚亚玲/摄

一种氨基酸和茶多糖等。加上菌体本身的独有的有益菌（冠突散囊菌），极大地提升了茶叶的品质。茯茶功效的独特之处，主要是消食、降脂、减肥、降糖、抗逆抗突变效果明显。它属发酵茶，茶中的茶碱、茶多酚、儿茶素含量比绿茶低。由于“金花菌”在茯茶发酵过程的泌酶效应，使茯茶中各种有益成分组分含量均高于其他茶品系，加之它既是粗茶又属黑茶，正好符合人们养生理念中的粗茶淡饭，它的药理功效是人们日常饮食中的高脂肪、高蛋白、高油腻食品的克星。茯茶特殊的口感和功效便由此形成，成为人们养生保健的佳品。所以，构成茯茶金花的“冠突散囊菌”被列为国家二级保护菌类机密。

进入21世纪后，泾阳县为重塑茯砖茶辉煌，发掘搜集茯砖茶有关史料和工艺，于2007年试制成功，使“泾阳茯砖茶”在沉寂50年后涅槃重生。2009年7月20日，由泾阳县供销联社组织4家泾阳茯砖茶生产企业和76户茶叶经销商成立泾阳县茶叶协会；2009年10月29日，县工商局在国家商标总局成功注册“泾阳县茶叶协会”集体商标；2009年11月，在第十六届农高会上，泾阳根社茶叶公司生产的“泾砖”牌茯砖茶获得“后稷奖”，这是泾阳茯砖茶第一次在国家级会展中获奖；2011年6月，陕西泾砖茶叶有限公司申遗项目“泾阳砖茶制作技艺”被陕西省文化厅正式列入省级第三批非物质文化遗产名录；2013年9月26日，泾阳茯砖茶地理标志获得国家质检总局137号文件正式批复保护。2013年12月在深圳举行的第七届中国国际茶产业博览会上，泾阳县高香公司产品获得“黑茶类金奖”。2014年4月12日，“中国·陕西（泾阳）丝路茯茶产业推介会”在人民大会堂北京厅成功举办，标志着泾阳茯砖茶在历经千年发展、半个多世纪的等待后，又一次展现在全国人民面前。2014年7月23日，陕西省质监局发布2014年4号地方标准通告，批准发布了《地理标志产品泾阳茯砖茶技术规范》地方标准，从此，泾阳茯砖茶有了自己的生产技术依据。2014年9月19日，陕西怡泽茯茶有限公司和哈萨克斯坦东干协会共同承办的“泾阳茯砖茶·丝绸之路文化之旅”活动震撼启程。2014年11月13日，陕西省卫生和计划

“泾阳砖茶制作技艺”被陕西省文化厅正式列入省级第三批非物质文化遗产名录　袁志刚/摄

生育委员会发布《泾阳茯砖茶陕西省食品安全地方标准》(DBS610006—2014)，标志着泾阳茯砖茶的第一个食品安全强制性标准出台。

2017 年 10 月，中国茶叶界“金芽奖”在北京举行第十届颁奖大会，全国有数百家茶叶公司和近千种茶叶品牌参与评选，诸家竞秀，盛况空前。在激烈的竞争中，泾阳茯茶以无可挑剔的质量脱颖而出，和西湖龙井、恩施玉露、汉中仙毫、巴渝红茶、峨眉山茶、磐安云峰、普洱茶、大红袍等荣耀登榜。这既是对泾阳茯茶近千年历史的肯定，又是对泾阳茯茶拥有更为灿烂的未来的祝愿与鼓舞。深信，泾阳茯茶永远与辉煌同行!

2019 年 4 月 18 日至 20 日于泾阳采访

2019 年 5 月中旬写于汉水之畔无为居

2019 年 6 月上旬征求泾阳各界意见后改定

泾昌盛制茶——锤筑　纪晓峰/摄

茯茶制作——分拣　纪晓峰/摄

第二章

贾氏茯茶　传承世家

——记泾阳茯茶手工制作技艺传承人贾根社

《泾阳县志》载“清雍正年间，泾邑系商贾辐辏之区”，贾家茂盛店有“贾家伙计走洲过县，不吃别家饭，不住别家店”的说法。说明贾家虽不像泾阳“安吴寡妇”富可敌国，却也算得上居产纳贡，富甲一方。贾氏子弟有足可挥霍的财富，也有因奢侈垮掉的可能。但是没有，诚如我们看到眼前这座茯茶博物馆中成千上万件老物件无声地叙述着曾发生的关于贾氏茯茶的故事。

贾根社　褚亚玲/摄

采访时间：2019 年 4 月 19 日

采访地址：泾阳茯茶博物馆

被采访者：泾阳茯茶手工制作技艺传承人贾根社

一

不得不感叹今天交通便捷，早年汉中茶（含紫阳茶）沿茶马古道输送长安，沿途设十八处驿站，翻越秦岭便需要八天。马帮负重，若遇风雪，道路垮塌，走上月时间也是常事。如今晨由汉中出发，乘高铁，一路风驰电掣，上午 10 时即抵西安北站，再换乘至泾阳大巴，中午便抵泾阳。因 1993 年 9 月曾来泾阳策划电视剧本，小住月余，故对泾阳并不陌生。此次目的是采访泾阳茯茶制作工艺及“非遗”代表性传承人贾根社。

开门七件事“柴米油盐酱醋茶”，茶是世界三大饮品之一，也是走进寻常百姓家的生活用品。同时，中国是茶叶故乡，是最早发现茶、培植茶、饮用茶并创造了灿烂茶文化的国家。早在 3000 年前的先秦，茶便成为古巴国向周武王进献的贡品，还有易于流传的名字：西乡月团。唐宋时期，建都中原的王朝利用北方游牧民族“腥肉之食非茶不解，青稞之热非茶不消”的生活需求，与之展开“茶马互市”与“绢马互市”，起到外安边民，内充驿力、活跃边贸的多重效果，茶叶成为与丝绸、瓷器同等重要的外销物资。茶叶沿丝绸之路远销欧亚，在英国、印度、阿拉伯、俄罗斯都产生改变生活习惯的影响。历史上中国茶叶作为流通的主要货物，不仅是一种商品，而且是一种有生命力的文化，甚至影响过历史进程，英国对中国茶叶的依赖，是造成 19 世纪初中英贸易逆差的原因之一，也是导致鸦片战争的蝴蝶翅膀。

资料显示，世界语言中的“茶”字，都是从汉字“茶”转译去的。陕西茶叶在中国茶叶史上有着重要的一章，安康紫阳茶（含汉中茶）、泾阳茯茶是突出代表。泾阳茯茶自宋代诞生，明清兴盛，延续千年之久，在中国西部群众生活与欧亚的外贸中占据半壁江山。泾阳茯茶的制作工艺是非物质文化遗产的重要一项，因而，其代表性传承人贾根社是要采访的对象。

我并非第一次为泾阳人写传。2016年由西安出版社出版的《横断面：文学陕军亲历纪实》收有写文坛前辈李若冰的《李若冰：中国西部散文先驱》一文，李若冰便系泾阳人。有此阅历，对去泾阳采访，我没有畏怯心，倒有冲动感。泾阳位于关中腹地，距西安市仅40公里。战国晚期设县，有2200多年历史。长安曾为十三朝古都，泾阳自然为京畿要地。早在秦时，便有号称“天下第一渠”的郑国渠修筑贯通。战国末年，秦国变法，“奋六世之余烈”异军突起，虎视六国。韩桓惠王惊恐之余，想出息秦伐韩之计：派遣水工郑国前往秦国游说凿渠引泾。渠道首尾300余里，工程浩大，足以拖住秦国，使其倾全力对待，无力东伐，韩国也得以苟延。但秦王多疑，“疲秦计”中途败露，大智大勇的郑国向秦王晓以利害：“臣为韩延数年之命，然渠成，亦秦万世之利也。”秦王醒悟，支持郑国修筑引泾工程，并命名“郑国渠”。

郑国渠修建在渭北平原最高线上，利用天然落差，自流灌溉泾阳、三原、高陵、临潼、富平等县。泾水从平凉山区发源，冲刷着黄土高原，含泥量大，泥水灌溉，淤田压碱，使盐碱之地变为肥美良田，关中连年丰收，秦益发富强，终于完成“六王毕、四海一”的神圣使命。

遥想当年工程开挖，长渠蜿蜒，经历数县，起伏不平，水准如何测定？土方怎么计算？在2200年前，堪称奇迹，对古人智慧由衷钦佩。

泾阳由于泾水贯穿得天独厚，特殊的地理环境，独一无二的气候，两千多年来引泾灌溉，使地下水呈弱碱性，钾离子、钙离子、氟离子等含量较高；不断完善的茯茶制作技艺使并不长茶树的关中有了茶叶再加工之地，诞生出一个茶叶新品种：泾阳砖茶。此茶是指在泾阳加工制作并发酵陈化的茶砖，作为泾阳砖茶创制地，泾阳有口口相传的生产经验和完整的手工传承脉络，追溯宋代以来，泾阳便是砖茶生产制作的唯一且不争之地。

泾阳地势西北高、东南低，境内北部系嵯峨山、北仲山及黄土台塬。中部为冲积平原，大部海拔 400 米左右，四季冷暖、干湿分明，为制作泾阳砖茶创造了独一无二、不可复制的条件。

千年以来，便有泾阳砖茶“三不离”之说，一不能离泾阳的水，二不能离泾阳的气候，三不能离泾阳人的制茶技艺。泾阳砖茶远销西北、传至西域乃至西亚各国，一度与瓷器、丝绸一起，成为丝绸之路和茶马古道的重要物资和官办产品。茶马贸易，是巩固联结边疆少数民族的重要物资，亦是相互交流的重要手段。据《泾阳县志》记载，当时泾阳地域商号有 131 家，其中经营泾阳砖茶的有 86 家。清朝道光年间巡抚卢坤所著的《秦疆治略·泾阳县》记载：“泾阳县官茶进关，运至茶店，另行检做，转运西行。检茶之人，亦有万余。”要有多大的规模才需要万余公务人员来“检茶”啊！其盛况可见一斑。

1949 年，中华人民共和国成立后公私合营生产规模扩大，泾阳成了中国最大的茶叶集散地和加工地。1958 年，缘于“在泾阳加工茯砖茶，存在原料二次运输，不符合多快好省原则”，中央政府下令将泾阳所有砖茶生产全部关停，改由茯茶原料基地湖南安化就地加工，持续千年的泾阳茯砖茶加工行业才骤然落幕。

所幸的是泾阳作为千年茯茶生产基地，百家茯茶生产商户，留下大量的茯茶生产工具、遗址，包括街巷、商号名称等文化记忆，一些重要茯茶生产当事人还健在，比如泾阳城官商茂盛店，经营数百年，第十一代传承人贾思忍在 1981 年还自制茯茶,并把全套精良制茶技艺传给了儿子贾根社。这就使得泾阳茯砖茶加工技艺得以完整保留。鉴于泾阳茯砖茶产生的时代背景、历史因由、起落兴衰及相关故事，我已在专章《泾阳茯茶一段传奇》中表述，本章就专叙泾阳茶砖手工制作技艺代表性传承人贾根社。

二

2019 年 4 月 19 日上午 9 时，我在泾阳茯茶协会主任孟长春、副主任李娜，泾阳女诗人姚文英引导下，来到位于泾阳老城的茯茶博物馆，见到了茶砖手工制作技艺传承人贾根社。这是位身材魁伟、方盘大脸、性情豪爽的关中汉子。事先看资料，知他1961年出生，但不像年近花甲之人，讲话声音洪亮，底气十足，配以挥动的手势，丰富的表情，有种叱咤风云的劲头，呈现的正是干事情需要的状态。显然，他对接待采访已轻车熟路，经验丰富。见面寒暄之后，让他儿子贾振带我们先参观茯茶博物馆。贾振是西北大学研究生学历，目前从西安回到老家，帮助父亲经营茯茶厂，成为贾氏茯茶手工制作第十三代传人。这位80后年轻人，受过高等教育，气宇轩昂，出口不凡。茯茶博物馆在后院，是在贾家商号原址所建，两进四合院落，加之厅堂、过道、天井、回廊、隔断、漏窗、老井、古树、雕花门窗，上下两层，规模宏阔，古色古香，呈现的是明清时代风貌。贾振带我们参观，一一介绍，呈现在眼前的是大量实物、图片、票据、名人题字、商号匾额，以及制作茯茶所需用的工具：泥灶、铁锅、竹篮、竹筛、扫帚、簸箕、风车、铡刀、老秤、范具、夹板、枣木槌、牛皮箱，茯茶运输的马鞍、马镫、马灯、油布、雨伞、引票，最吸引人的是明清时代的几块茯茶老砖，几百年的时光在茶砖上布满包浆，灰暗黑苍，真正岁月留痕，看一眼就能把人带进早已逝去的年代……一边参观，一边听着贾振讲解，使我们对泾阳茯茶产生的时代、环境、制作、运输方式等都有了直观的了解。

我得承认参观茯茶博物馆，不仅是了解到茯茶制作的过程，使用的各种工具，重要的是对视觉、感觉乃至灵魂的冲击。那些已失去本身颜色、变得暗褐的竹筐、竹筛、竹篮、风车、风箱、铡刀、量器；那不知使用过多少次，已失去棱角的夹制茶砖的模具；由于使用时间久，已短了一截的用以筑实茶叶的枣木槌，那些曾伴着马帮驼队一路西行的马鞍、马镫、皮具、风雨灯……先祖使用的工具真实地呈现眼前，仿佛主人刚刚离开，模糊的印象突然逼真。制茶工匠就在眼前，一身短打，袒胸赤膊，肌肉紧绷，或手执木杈，翻炒茶叶，或握槌筑茶，挥汗如雨，无人监管也一丝不苟，场景逼真，气氛感人……尽管是近百年前往事，工具也弃之不用，但凝聚的

贾根社茯茶博物馆（一） 褚亚玲/摄

贾根社茯茶博物馆（二） 纪晓峰/摄

贾根社茯茶博物馆（三） 袁志刚/摄

贾根社茯茶博物馆（四） 袁志刚/摄

贾根社茯茶博物馆（五） 袁志刚/摄

却是工匠们的体温与汗味，执着与精神。人们联想到的不仅是制茶工匠，还有制作工具需要的木匠、铁匠、皮匠、竹器匠、泥水匠……也不仅是支撑过中国茶叶半壁江山的泾阳茯茶，更展现出中国几千年农业文明的风俗画卷。关中原本就是最古老的农业文明诞生之地，秦修筑的郑国渠，使关中连年丰收，水旱从人，不知饥馑。司马迁在《史记》中写道："关中之地，于天下三分之一，而人众不过什三，然量其富，则什居其六。"又说关中"南山（秦岭）有竹木之饶，北地有畜产之利"，关中平原更是"男有余粟，女有余帛"，是公元前 10 世纪至公元 8 世纪全世界经济最为发达、社会高度文明的地区。这座茯茶博物馆也是中国农业文明时代的缩影，给人思想上的冲击远超出茯茶。

接着，在前院茶室，喝着汤色玫红透亮、香气醇厚溢口的正宗贾氏茯茶，我开始采访贾根社、贾振父子。贾根社首先向我展示的是《贾氏族谱》，有确切史料依据的传承关系可追溯到明天启年间（1621—1627），此前贾家经营盐、药材及茶,已是一家叫得响的商号。后于明思宗崇祯十二年(1639),在东关建了贾氏制茶坊，建了当时泾阳县唯一两层木茶楼，名茂盛茶楼。木楼历经明、清及民国，直到中华人民共和国成立初期依然耸立，后被拆掉。从家族族谱可以清晰看出贾氏专业制茶应从此时算起。第一代传承人贾应朝，生于明朝天启三年（1623），第二代传承人贾文乾、贾文興、贾文厚等生于清顺治八年（1651）前后，第三代传承人贾洪德、贾洪兴等生于清康熙十年（1671）前后，第四代传承人贾祥，生于清康熙三十九年（1700），第五代传承人贾天庆，生于清雍正四年（1726）。第四代传承人贾祥能诗好茶，结识了众多外地茶人，在泾阳建立起第一个免费供饮茶水的茶亭，在茶界影响颇大，并深受推崇。贾祥经营茶坊期间，也结识了很多当地望族与名人，清雍正八年（1730）进士林令旭曾为其题词“梅兰永香”。贾祥的子女多，但只有一个儿子，儿子排行老六，名贾天庆，贾天庆在当时的茂盛店推出了很多茶食，对泾阳砖茶也颇多研究，提出改进产、供、销之建议，扩大外销；同时他对茶学亦有研究，溯古论今，通过南北饮茶方法比较，提出了自己的认识，对扩大贾氏茶业影响做出了贡献。第六代传承人贾彦，生于清乾隆二十四年（1759），此时的贾家氏族在制茶工艺里增加了熬茶釉的工序，并巧妙地加入茶籽壳，茶砖乌黑油润、汤色红艳明亮，在口感上增进醇厚与回味。这个工艺传承至今，其茶釉的配比也成了贾家制茶最核心的技艺，使其所制泾阳砖茶成为贡茶、官茶制作的标准。贾彦的创新对贾氏手工制茶工艺无疑是种丰富。第七代传承人贾璋，生于清乾隆五十四年（1789），贾璋是贾彦的次子，在泾阳县内发展了四家茶庄，并建立贾庄客栈，是那个时期知名的茶商，受当时乾嘉学人的影响，有“收藏”意识，收藏了很多“陈茶”，表现了贾氏传人的文化觉醒。第八代传承人贾景瑞，生于清嘉庆二十二年（1817），第九代传承人贾德福，生于清道光二十七年（1847），第十代传承人贾茂成，生于清光绪六年（1880），第十一代传承人贾思忍，生于清宣统三年（1911）。1937 年抗战爆发时，贾思忍 26 岁，已是支撑茂盛店的梁柱。抗战前泾阳尚有茶厂 60 多家，武汉沦陷，黑茶产地来源中断，多数厂家关闭，仅余八家，其中包括贾家茂盛店。当时茂盛店由贾思忍和其兄贾思福共同经营，贾思忍负责制茶，贾思福负责外销，坚持到抗战胜利，直到1949年中华人民共和国成立后茂盛店依然经营。1953年，全国工商业改造，实行公私合营，泾阳多家私营茶业组建成大型茶叶加工企业“泾阳人民茯茶厂”。1958年，缘于“陕西加工茯砖茶，存在原料二次运输，不符合多快好省原则”，国家调整茶业政策，下令将泾阳所有茯砖茶厂全部关停，贾家也由此结束经营三百余年的茂盛店。整个家族就地安置，开始务农，成为其时正大张旗鼓成立的人民公社社员。

看到族谱及文字材料，听着贾根社、贾振父子的补充与讲述，我想起我国著名史学大家陈寅恪曾经说过：“夫士族之特点既在其门风之优美，不同于凡庶。而优美之门风，实基于学业之因袭。”

其实，不仅是名门望族、文化世家，有学业学术因袭继承。这种传承在许多行业也都存在，比如梨园戏曲、绘画书法，乃至包容精绝技艺的各类工匠都祖辈相传而源远流长。许多失传的技艺也常由于家族的中断而难以为继。细想，贾氏茶业把一种精绝技艺传承下来，真不容易！民间俗语：富不过三代。意思是前辈人打拼，发家致富，后辈儿孙衣食无忧，会转奋进为骄逸，乃至嫖赌输光家业。时至今日这类事也常发生。《泾阳县志》载“清雍正年间，泾邑系商贾辐辏之区”，贾家茂盛店有“贾家伙计走洲过县，不吃别家饭，不住别家店”的说法。说明贾家虽不像泾阳“安吴寡妇”富可敌国，却也算得上居产纳贡，富甲一方。贾氏子弟有足可挥霍的财富，也有因奢侈垮掉的可能。但是没有，诚如我们看到眼前这座茯茶博物馆中成千上万件老物件无声地叙述着曾发生的关于贾氏茯茶的故事。

岁月流逝，我们很难想象贾家一代代先祖们，在茯茶制作上是如何考虑，但不难想到的是在一座不大的渭北高原县城，密密麻麻分布着近百家同行，家家都有高手，都掌握着绝技窍道，竞争往往在不露声色中展开，“同行是冤家”，谁家秘诀都不会轻易外泄，只能自己在日复一日、枯燥烦琐的实践中去把控、去体味。仅是这种压力，心中就不会轻松，不能给祖先丢脸是工匠与生俱来的自尊。所以，每年到制作茯茶的季节，不仅是贾家，所有茶商都有如临大战般的紧张气氛弥漫，所有工匠都会全力以赴，在一道道工序上耗费心血，去认真把控火候、水分与温度；或者是在一次次意想不到的挫折面前，想方设法弥补漏洞，化险为夷。但不容置疑的是他们凭借一个家族的力量，使用一整套工具，凭借积累的经验，毕其一生刻苦磨炼的制茶技艺，殚精竭虑用心去完成每一块砖茶，只有发现暗褐色的茶叶生出一层肉眼刚能看清的星星黄点，俗称“金花”的当口，他们布满皱纹的额头才舒展开来，长出口气，完了煮上一壶新茶，心头泛起外人无法体会的惬意。每一代贾氏传人，一生不知道要做多少块茯砖茶，但他们

贾根社制茶——锤筑
袁志刚/摄

贾根社制茶——炒茶 袁志刚/摄

做每一块砖茶都要用心，都不敢也不能马虎。事实是每一块砖茶上都铸印着他们的手印,凝聚着他们的心血,凸显着他们已渗透在骨子里的工匠精神。

贾氏茶庄能传承十多代之久，几乎每代传人都不仅是单纯继承，而且要有所作为，总结经验、完善技艺、积累资产，使家业在激烈竞争与改朝换代的惊涛骇浪中不致破产，这是何等不易。这其中不仅有手工制茶精绝技艺的传承，更重要的还有家规祖训的严格遵守与传承，尽管没有留下这方面的文字，但稍稍细想，便让人肃然起敬。

其实，任何门类的工匠，尤其那些传承既久、历经数代的卓越工匠家庭的每一代传人，一旦娶妻生子，尤其中年之后，怎么将敦厚敬业的祖训门风与精绝技艺一并传递给下一代，会成为时刻萦绕于心头的一件大事。祖训门风会在孩子小时就言传身教、耳濡目染，尤其泾阳地处汉唐京畿，古风敦厚，有利后代成长。但作为一些有专门技艺的行业，事情就不简单。比如酿酒秘法、中药配方等甚而有传媳不传女的祖训。这类人家对传人的选

在温室里菌种活化　袁志刚/摄

择包含着担忧责任、对世事人情的深刻洞察、对社会变化的清醒预测，殚精竭虑，一丝不苟，思考之缜密、要求之严格，在某种程度上，几乎可同宫廷中对皇位继承规定之复杂严格类比。

当然，泾阳制茶技艺由于业主不少，从业人员众多，可能不像酿酒秘籍、中药配方那么神秘。但毕竟是十多代人心血的积累，有超过几个世纪的制茶经验。从与贾根社、贾振父子的交谈中，了解到贾氏手工制砖茶的技艺所以能在中断几十年后传承下来并发扬光大，贾根社与父亲贾思忍起到了举足轻重的作用。

三

贾思忍是贾氏茶业的第十一代传承人，生于清宣统三年（1911），作为贾氏茯茶制作传人，无论在掌握制茶技艺，支撑家族事业上都堪称能手。贾思忍读过私塾，16 岁开始随父兄学习茯茶制作。1958 年泾阳关闭茯茶厂时，他已 47 岁，不仅熟练掌握着全套茯砖茶手工制作技艺，还因经历清朝、民国、中华人民共和国成立而阅历丰富，更重要的是抗战时节，他成为泾阳仅存八家茶业的见证人与亲历者。正是这段难忘的人生经历，让贾思忍亲眼看见、亲身历经外敌入侵，山河破碎，民不聊生，工商业难以为继的种种艰难。尽管茯茶传统市场西北尚未沦陷，但因南方茶源中断，仅存八家茶业勉力支撑，所产茯茶远不能满足西北群众需求，远道赶来的驼队因无茶可供苦苦期求的目光，让他毕生难忘。因为泾阳的茯砖茶，自然包括贾家的茶会运往西部的甘肃、青海、西藏、新疆各省（自治区），生活在那里的人“一日无茶则滞，三日无茶则痛”“宁可三日无粮，不可一日无茶”，泾阳这种貌似黑粗的“砖块”，在他们眼里是神秘之茶、生命之茶，一天也不可或缺。千百年下来，口内（指嘉峪关内）与口外的人就有了不可分割的维系。这就使得一位砖茶手工制作工匠有了一种可贵的使命感：不仅是自己安身立命，支撑家业，还要把这种精绝的手艺传递下去，让爱喝贾家茯茶的人能有茶喝。正是这种深潜心底的愿望搅得贾思忍昼夜不安，有种不达目的誓不休的心愿，这种心愿成为一种内心深处的情结，犹如一粒深埋土壤的种子，一有合适机会便萌生新芽，破土而出。

在 1980 年前后，改革初期农村刚刚松动，已经中断制茶 20 多年的贾思忍坐不住了，利用家中制茶工具和尚存的茶料，与 20 岁的儿子贾根社一起制成了 20 余块泾阳砖茶。老人对外说是自己想喝茯茶，实际隐藏着一代茶人对传递制茶技艺殚精竭虑的思考，因为凭老人丰富的人生阅历，从粉碎“四人帮”、改革开放、土地承包等一系列的变化中看到了重振家业的希望。正是通过这次制作过程，老人把每一道工序，每一个环节以及要把控炒茶的火候、水分、温度、手感，都不厌其烦、反复叮咛地交代给从未参与过制茶的儿子贾根社，直到 20 余块泾阳茯茶砖长出了久违的“金花”，老人才长出口气，终于亲自将制砖茶的技艺教给了儿子。这不仅是完成制几块砖茶的家用需求，更是完成了一代茶人传递制茶技艺的家族使命。

如今贾思忍、贾根社父子两代共同制作的 20 余块砖茶，除自己饮用，以及曾被南方茶商以每块六万元高价收购之外，仅存 6 块，成为一种承前启后的见证安放在泾阳砖茶博物馆。并且其中的意义很快展现，因为 20 岁的贾根社通过这次制作不仅初步掌握了制茶技艺，更重要的是唤醒了潜藏在他身上的茯茶世家的家族传承使命。1981 年他便试图恢复生产泾阳砖茶，但由于资金缺乏难以为继。作为茶商的后代他清楚首先需要积累资金，再等待合适的时机。

贾根社潜下心来，先是在泾阳东关开了一家“放心肉店”，凭着货真价实、讲求诚信、童叟无欺而生意红火。那天参与采访的女诗人姚文英就回忆起多次去贾根社店里买肉。之后，他又乘泾阳老城开发的商机，涉足房地产业，积累了一定资金。按说应顺势而上，但潜伏心底的“贾氏茯茶”情结却在不时呐喊。尤其是 2003 年贾根社在重建老宅时，发现了祖辈留下的制茶技艺笔录等珍贵资料，他认为这是祖宗的召唤，于是不再犹豫，决定转产茯茶业。作为泾阳砖茶制作世家的后裔，他认为自己有承担泾阳砖茶

贾根社博物馆茯茶 纪晓峰/摄

复兴振兴的责任，把贾氏茯茶的荣耀继承下来，再发扬光大。毅然转向茯茶产业后，贾根社一方面收集泾阳砖茶制茶技艺的研究和整理，同时，大量寻找散落在民间的制茶器具；另一方面聘请开发人才，请来以炒茶著名的胡老、花池渡的柳惠荣、大曲子的任风波等仍健在的老茶工，悉心指导年轻茶工，在每道工序、每个环节上都要熟练掌握技术。第一次开工时，按老传统从湖南安化拉回 20 多车毛茶，严格按照传统手工制茶技艺和程序，一丝不苟进行：首先是剁茶，把茶叶用铡刀切碎，经过筛簸去掉杂质尘土；然后打吊，用秤把茶叶分出斤两；接着畅锅，也就是炒茶，把茶梗茶籽熬成水注入茶内炒制；下来是捶茶，把茶在模具中捶制成长一尺、宽六寸的砖形，装入透气的纸制封袋；再是干燥，把茶砖码垒时预留缝隙，以利茶中水分蒸发，只能阴干，不能日晒；还需堆垛，茶砖晾至七八成干后，堆垛于阴凉干燥处，使其发酵生花。等包装纸上透出黄点，再晾晒一两个月，茶砖有芬芳茶香时才算大功告成，达到销售标准。

“你怎么就判断茯茶生出了‘金花’？生出多少才算符合标准？”采访到关键地方时，我问贾根社。他回答说：“走，我带你去看。”原来，茯茶博物馆的整个二楼，足有上千平方米，就是储备砖茶等着生长“金花”的茯茶仓库，一排排的茯茶砖整齐地码着，像整装待发的士兵。

贾根社说，茯茶砖做好装进封袋就存放在这里生“金花”，第一个月要天天倒换茶砖位置，上下左右换着放，使其受光受温一致。第二个月后要三天倒换一次茶砖位置。第三个月后要一月倒换一次茶砖位置。整整存放一年，再开封检验，“金花”就会自然生长出来。贾根社取下一块茶砖，介绍说：这块已存放一年，从外封上看不出什么，但他用案上专用小刀切下一块，只见切开的新茬口上果真布满星星点点黄花，闻闻，有股淡淡的茶香，果真是“金花”！

通过艰辛的努力、探索、研究，贾根社终于在2005年试制成功，研制出经过渥堆—炒制—气蒸—灌封—锤筑—捆扎—自然发花……共29道秘制工艺、加工为形似秦砖的第一批泾阳茯砖茶。从此，吹响了泾阳砖茶复兴振兴的号角，传承300余年、12代之久的贾氏茯茶再次登上历史的舞台！

贾氏茯茶试制成功固然值得高兴，但深谙市场规律的贾根社深知这只是第一步，关键的问题是能否让中断多年的贾氏茯茶重获顾客青睐与市场认可，答案只有一个：社会实践。因为从小他就从父亲贾思忍口中，听到了太多关于贾氏先祖、关于泾阳茶商闯荡天下经销砖茶的故事。

在四川盐都自贡，有一座规模宏大、雄阔壮观的西秦会馆，是乾隆元年（1736）经营泾阳茯砖茶的陕西商人修建的用于议事、接待的场馆。由雄踞商界的陕西巨商张继儒牵头，筹集巨资，在自贡城里一片沼泽地上历时16年建成。西秦会馆大门重檐叠台，多达四层，寓意鱼跃龙门。在传统四合大院里，大抱厅与献计楼南北相望，金镛阁与喷鼓阁东西对峙，楼阁由回廊相连，后院为园林模样，亭台楼阁，匾额木雕，石刻图案，无不珍奇。该馆至今尚存，已列为全国重点文物保护单位。

康定昔称打箭炉，曾为西康省会，汉藏交汇，商贸繁盛，有近百家茯茶商号在此经营。在雅安籍茶商10余户中，泾阳人的商号6户，贸易量在雅安籍茶商的62100引（每引50公斤）中占37500引。其中泾阳苗幼功所开的“义兴号”一户即占11600引，有百年良好信用，被誉为“边茶第一商”。据史料记述，清中期至民国时，泾阳在西南各省及川地商人达万余之多，每以人多、势众、财力雄厚为各省商会之首，陕商云集的街巷被称“陕西街”。

云集川藏、滇藏线商埠的陕西商人把泾阳茯砖茶及川滇所产黑砖茶、日用百货、陕西土布输入藏区，又将藏区皮毛、土特产运入内地。他们或西上拉萨，或南下云南，在西藏、青海玉树及云南丽江都设有商号，进行采买转运。每年贩售量占泾阳茯砖茶的一大半，约4000驮（每驮四包，每包60斤），将近百万斤左右。明清之际，藏区（含川边、青海）人口不过200余万，泾阳茯砖茶售量百万斤，应是相当惊人的数字。现在西藏拉萨市大昭寺释迦牟尼等身金像前还供奉有一块早年产的泾阳茯砖茶品，青海省塔尔寺里佛像前也供奉有两块泾阳产的泾阳茯砖茶品。可见茯砖茶用途之广，不仅成为群众日常饮品，送亲友的礼品，还成为敬奉佛祖的贡品。

同时，在西北的兰州、西宁、乌鲁木齐、银川、包头和榆林等地，还有多支从事民族商贸活动的关中商人群体。由于他们主要是同西北边疆各民族进行茶马交易，所以被称为“边商”。陕商把边民必需的茯茶、布匹、百货运往边疆牧区，同边民交换畜产品，所换边民各种商品和名贵药材等运到设在城市的商号集中，然后再通过沙漠、戈壁、驼驮马载，跋涉数万里运到陕西西安、咸阳、泾阳等地，加工、制作后又随南来的泾茶商销往全国各地。早在宋、元、明时，陕商就与西北各少数民族建立起传统的茶马交易。到民国及抗战时期，“边商”又重新兴盛起来，西北许多地方有世代相袭、父子兄弟继承经营的“边商”，最盛时达2万多人。泾阳城里白天商旅如潮，夜晚灯火通明，一派繁荣景象。清初学者、有“南国徐霞客”美誉的屈大均曾有秦晋之旅，他在清康熙五年（1666）参观泾阳县农历二月二日汉堤洞东岳庙会，日后在《宗周游记》中写道："陕地繁华，以三原、泾阳为第一，其人多服贾吴中，故奢丽相慕效……妇女结束如三吴。"表明商贸的流通带动南北文化交流，有力地促进了社会文明进步。这其中泾阳茶商功不可没。

四

泾阳茶商这些故事从小就在贾根社心中扎根，使他树立起效仿先祖的远大目标，而这一天终于到来。2006年，贾根社组织人马、车辆携带着上千块泾阳砖茶西进，重走贾氏茯茶当年的路线，一路西行，在漫长的丝路行旅中去感受祖先当年所遭遇到的险途戈壁、大漠荒原，河西走廊、无边草地时的艰难与洗礼。同时，他们又在先后到达的青海西宁、甘肃兰州、新疆哈密、宁夏银川、内蒙古呼和浩特、西藏拉萨等地，寻找到了当年祖辈与边民互市时往来商号的票据、遗物，以及定居边陲的陕商后裔族群，他带去的贾氏茯茶受到热烈欢迎，甚至有老人喜极而泣，连称："好茶，还是老味道！"这无疑使贾根社深受鼓舞！只有亲临实地，亲眼看见，才能体会到中国西部对茶的热爱，无论是务农、游牧、经商、从政，还是仅仅临时打工或旅游，也无论是汉族还是少数民族，由于水土关系，更由于多食牛羊肉与青稞麦面，加之多风沙、少雨水，气候干燥，所以在生活中所有的人都离不开泾阳砖茶，也特别喜欢泾阳茯砖茶，称泾阳砖茶是生命之茶、神秘之茶。在日常生活中遭遇严寒风雪，食牛羊肉与青稞肠胃难受，喝一碗由茯砖茶调制的茶水便会舒畅顺气、御寒保暖、通便利尿……所以，在中国西部，无论城乡、贫富，亦无论农牧，家家都有存茯砖茶的习惯，走亲访友送礼、去寺庙进香上贡，甚至红白喜事，最好的礼品便是茯砖茶。他们认为家中储茶越多越吉祥、越多越富有，日子也会更好。这无疑使贾根社明白了泾阳茯砖茶为何能在中国西部兴盛千年之久，这就是根本原因和最好答案。

在此插笔闲语，我曾 20 次西行寻叩丝路，历时 12 年完成《从长安到罗马：汉唐丝绸之路全程探行纪实》(太白文艺出版社 2011 年 1 月，多次再版，屡获奖项)。沿线结下文友天水王若冰，兰州王家达、师大季成家、农大史生荣、西宁朱奇、武威张余胜、山丹陈淮、张掖贺冬梅（裕固族)、肃南王政德（藏族)、酒泉何奇、嘉峪关胡杨、乌鲁木齐魏忠明、喀什赵力……他们无一例外喜饮茯茶。酒泉女作家至简说从小家里就喝茯茶，习惯了，所以现在各类饮品虽多，但还是习惯喝茯茶。

这次西行令贾根社感触极深，更坚定了他研制泾阳砖茶的决心。他加大投入、延揽人才，并提出用当年贾氏茯茶承做“府茶”“官茶”的标准严格规范工序工艺，以“天然发酵，根社手筑”为技术要求，实实在在地重写贾氏茯茶辉煌。

五

2009 年 11 月，贾根社生产的“泾砖”品牌泾阳砖茶在第十六届中国杨凌农高会荣获“后稷奖”，这是泾阳砖茶复兴后获得的第一个殊荣。同年贾根社申请了泾阳砖茶制作技艺国家发明专利，2011 年被陕西省文化厅定为“陕西省非物质文化遗产”，贾根社被认定为该项非遗技艺的代表性传承人，所产“泾砖”品牌、“根社”品牌泾阳砖茶被评定为“陕西省著名商标”，连续多年荣获茯茶产业“突出贡献奖”，贾根社连续多年荣获泾阳突出贡献专业技术拔尖人才、省级非物质文化遗产传承人先进个人，其企业泾砖茶业也在国内茶业展览上多次获奖。2015 年所产泾阳砖茶入选全国名特优新农产品名录。泾阳被誉为“中国茯茶之源”，泾阳茯砖茶被评为国家地理标志保护产品。

从 2009 年开始，贾根社引导儿子贾振、外甥陈红利学习制茶，“非遗”是中华民族的瑰宝，有丰富的文化积淀，国家对非遗项目的重视，手工制茶传统技艺文化价值的日益显现，都让贾根社作为泾阳砖茶制作技艺代表性传承人的文化自信更加坚定。2016年，贾振、陈红利被命名为该项技艺市级非遗代表性传承人，2012年至今，贾振主要负责文化研究及企业管理，陈红利主要负责生产技术和市场营销。企业加强创新，除了传统砖茶外，研发出直泡茶、速溶茶、袋泡茶等方便、时尚、功能型的产品形态，满足不同消费群体需求。多次参加全国非物质文化遗产联展活动，为各地关注非遗的市民展示泾阳砖茶制作的古老工艺。

文章结束之际，有值得记叙的一笔。采访结束，我得到贾根社先生赠送的茯砖茶。由于身在陕南茶区，认识多位茶人，多年以饮绿茶为主。既得馈赠，何妨一试，冲泡几次后发现茯砖茶比绿茶味浓有劲，尤其每天午觉醒来，用宜兴紫砂壶冲泡茯砖茶，一壶喝完，会额头冒汗，肠胃顺气，浑身舒坦，妙不可言。诸君何妨一试!

2019年4月19日采访于泾阳茯茶博物馆

2019年5月31日写完于汉水之滨无为居

2019年6月上旬征求泾阳各界意见后改定

第三章
紫阳毛尖的前世今生

紫阳茶优有多种原因。首先在于纬度适中，地处北纬32°与33°之间，阳光热量最适宜茶树生长。其次是地形之胜，紫阳县位于汉水流经安康与其支流任河交汇地段，早在六七千年前的新石器时代，先民们就已经在紫阳这片热土上繁衍生息。紫阳县建立于1512年，距今也有500多年的历史。汉水与任河两岸山峡陡立，河谷纵横，层峦叠嶂，多云雾，多湿润。最后是土壤之利，紫阳山峦多为花岗岩和片麻岩发育而成的黄沙土，是适宜茶树生长的优生地区。

每年春分前后，紫阳茶农开始采摘新茶　李谢军/摄

唐代陆羽曾著我国首部茶叶专著《茶经》，开篇就讲：“茶者，南方之嘉木也，一尺、二尺乃至数十尺。其巴山峡川，有两人合抱者，伐而掇之……”所谓“巴山峡川”，应指今天川陕交界秦岭与大巴山之间，由汉水及其脉流积淀的带状盆地，被地理学家称为秦巴山区。属陕西管辖的有汉中、安康、商洛三市，亦称陕南。此三地无论历史还是今天都是陕西茶的主要产地，有紫阳毛尖、汉中仙毫、商洛白茶等名茶行世。后因安康紫阳所产毛尖茶条索圆紧，肥壮匀整，色泽翠绿，白毫显露，茶香嫩香持久，汤色嫩绿清亮，且富含硒元素，具备名茶品质。早在清乾隆时“紫阳毛尖”就被列为朝廷贡品，成为全国叫得响的十大名茶之一，故这一带又统称为紫阳茶区。

“紫阳毛尖”所以能在三市茶中胜出，成为代表性绿茶，绝非偶然。清道光《紫阳县志》，对“毛尖”与“芽茶”进行了区别，志称：“春分时摘之，叶细如米粒，色轻黄，名曰‘毛尖’；清明时采之，细叶相连，如字状，

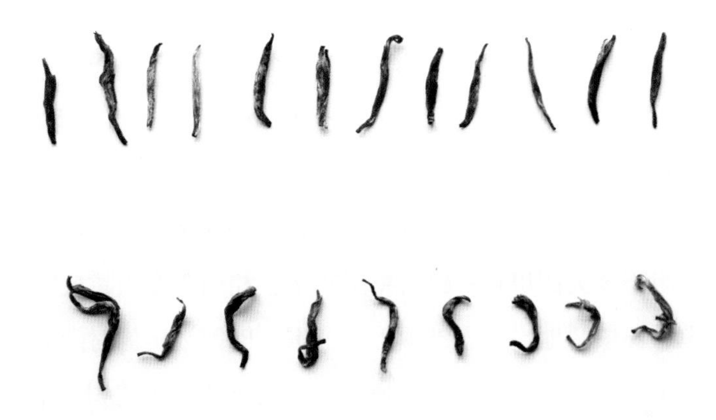

毛尖（卷曲的为毛尖）和芽茶　王钧/摄

毛尖和芽茶（图左） 王钧/摄

名曰‘芽茶’。”民国年间，将清明后、谷雨前采的一芽两叶、具有茸毛的茶叶称为“毛尖”。

紫阳茶区与“紫阳毛尖”的诞生有悠久的历史。据中国最早方志《华阳国志》记载，古巴国献茶周武王，其茶“形似月亮，紧压成团，名曰西乡月团”，距今已有 3000 多年的历史。据《华阳国志 · 巴志》载，陕西秦岭以南的汉中、安康便曾属巴国管辖，是我国最早生产茶叶的地方。《蜀纪》载：“武王伐纣，蜀亦从行。”是指周武王联合当时居于秦巴之南的蜀、巴两个奴隶制国家的庸、蜀、羌、微、卢、彭、濮众多民族共同伐纣。蜀为川西北，相当于今天四川省；巴占据川东南，相当于今天重庆市。今天陕西省的汉中、安康两地当时属巴国势力范围。巴国创建的时间大致在西周初期，为公元前 11 世纪；公元前 316 年，秦惠文王派大将司马错进攻巴蜀时灭亡，前后有 800 年历史。史称“此时巴子国都城已迁汉阴一带”。汉阴在汉江支流月河流域，今属安康市。陕西历史博物馆研究员杨东晨所著《陕西古代史》中称："周灭殷后，武王封巴国于今陕西汉阴县地，并封周宗室贵族去统治，赐爵为子，称巴子国。"巴国既然能在今汉阴建都，那么说明环围汉阴的今安康市，以及相邻的今汉中所属镇巴、西乡、城固一带应是古代巴人的活动中心，1973 年曾在汉中市勉县茶店子出土"巴式铜矛"，勉县在汉中西部与甘肃接近，说明巴族生存活动的范围几乎包括整个安康与汉中地区。古巴国献茶周武王所产之茶无疑应出自安康与汉中，应是我国最古老的产茶区。而且，这一茶区又是距古代长期建都的长安最近的地方。

八川分流绕长安，秦中自古帝王州。从公元前 11 世纪建都长安的西周开始，有 13 个王朝在此建都，历时千年之久。周、秦、汉、唐更是把华夏民族的威武雄壮推向鼎盛极致，特别是汉唐王朝国力强大，市井繁荣，文化昌盛，尤其诗歌、绘画、书法、音乐、歌舞、雕塑都内容丰富，风格多样，美轮美奂，绚烂夺目，达到经典性完美，让我们今天都为之骄傲，为之自豪。经济与文化昌盛推动了茶业的发展，使茶的产出与饮用在唐代达到了高峰。

同时，长安又是古"丝绸之路"的起点。开辟"丝绸之路"的张骞便出生在今汉中市的城固。丝绸之路把丝绸、茶叶、陶瓷等物产运至欧亚，故有学者把"丝绸之路"称为"丝茶之路"。

长安作为都城，是政治、经济、文化的中心，自然也会成为全国茶叶的中心。唐代朝野凡尘，王公贵族、文人士族、市井百姓普遍嗜茶。而且唐时茶业重要仅次盐政，是国家财政的重要来源。同时，凡产茶之地，都要向王室进贡茶叶，唐《通典》上便有"安康郡贡茶芽一斤"的记载。

唐王室每年清明要设茶宴款待百官，这时距长安最近的山南茶区（安康、汉中），便会在清明节前如同给杨贵妃送荔枝那样用驿骑急程飞送京师，称"急程茶"。唐玄宗开元始，贡茶成为赏赐大臣之物。唐时韩偓著《金銮密记》便记载了"翰林当直学士，每春晚入困，则日赐成象殿茶"。元和八年（813）唐宪宗以"茶千斤为兴唐观城复道夫役之赐"，得到天子赏赐的王公贵族们视其为殊荣。诗人白居易、杜牧多次获得赐茶，在其诗作中有

汉江自西向东流经紫阳城南，任河在此汇入　张锋/摄

描述。"上有所好，下必甚焉"，唐王室好饮茶，极大推进了整个社会的饮茶风气，茶圣陆羽便应运而出，写成中国首部茶叶专著《茶经》，对我国茶的前世今生进行文化总结，有力推进了茶业的发展。

隔秦岭与长安相望的陕南茶叶作为"近水楼台"，地方官为及时给朝廷进献茶叶，必然会关注当地茶业。紫阳作为山南茶的主要产区，在采摘、制作、饮用上也逐渐带上陕南特色，成为普通群众的一种生活用品，"柴米油盐酱醋茶"，走进更广阔的社会层面。尤其是陕南茶区也是距西北游牧民族最近的茶区，生活于北方和青藏高原的游牧民族，以牛羊肉和青稞面为主食，"腥肉之食非茶不消，青稞之热非茶不解"。《新唐书·陆羽传》中说"时回纥入朝，始驱马市茶"，表明在唐时，就有北方游牧民族用马匹与中原交换茶叶。"茶马互市"可以起到外安抚边民、内充实军力驿力、活跃边贸的多重效果，所以历代王朝都很重视，专设茶马司来加强管理。《宋史》载"汉中买茶，熙河易马"，茶马互市，更为繁荣，使汉中成为与成都、开封并列的三大财源城市之一。

茶叶的流通路线主要沿着穿越秦巴大山的川陕古道，茶叶的产地主要为陕南的汉中与安康茶区。有学者认为安康茶北去长安，不须经汉中，而是子午道，因子午谷南口在今安康境内。子午道南起石泉，经宁陕穿越秦岭，北方出口称"子口"，南方出口称"午口"，故称子午道。根据《方舆胜览》记载："由涪陵达长安只用三天，荔枝香色俱未变。"明代诗人王云凤《子午谷》诗云："采茶调急穿林女，放濑声高荡桨人。何事妖容千载恨，拂衣犹有荔枝尘。"这首诗中"采茶调急穿林女"分明写的是沿途所见陕南茶区景色。

明代制定专门的《茶法》，继续唐宋以来"以茶易马，茶马互市"的方式，达到外安边民、内充驿力、活跃边贸、促进茶产的多重效果。以"紫阳茶区"为中心的陕南汉中、安康两地出现了"其民昼夜沼茶不休，男废耕，女废织"的繁忙景象。因茶利大兴，又出现官民争利，茶税不断加重，茶民负担日重，在古金牛道必经的金牛茶区（今汉中宁强一带）出现了拔茶植桑、毁茶复耕情况。外地茶商在多年经营与日常饮食之中，发现紫阳所产之茶风味独特，很受群众欢迎，茶商趋利，往往越过茶叶传统集散地汉中、西乡，直接去紫阳购茶。

紫阳茶优有多种原因。首先在于纬度适中，地处北纬 32°与 33°之间，阳光热量最适宜茶树生长。其次是地形之胜，紫阳县位于汉水流经安康与其支流任河交汇地段，若追本溯源，早在六七千年前的新石器时代，先民们就已经在紫阳这片热土上繁衍生息。紫阳县建立于 1512 年，距今也有 500 多年的历史。汉水与任河两岸山峡陡立，河谷纵横，层峦叠嶂，多云雾，多

好山出好茶　陈杰/摄

湿润。最后是土壤之利，紫阳山峦多为花岗岩和片麻岩发育而成的黄沙土，呈酸性和微酸性，矿物质丰富，有机质含量高，土质疏松，通透性良好，独特的自然环境，是适宜茶树生长的优生地区。在多年栽培中，紫阳也形成自己独特的优良品种紫阳大叶泡，这种茶树适应紫阳河谷纵横、层峦叠嶂的地形，树型不高而茁壮，耐酸碱，少病害，茶芽肥壮，多显茸毛，春、夏、秋皆有茶可采，为制作优质紫阳茶打下基础。接下来，关键是在漫长的历史岁月中，勤劳的紫阳茶农，一代接着一代，口口相传，在茶树栽培、管理、采摘、制作中不断积累经验，造就了一批制茶高手，也产生了独特的紫阳茶。

每年春分一过，千山万岭显出鹅黄淡绿，紫阳的茶农就开始采摘茶叶，清明前后达到高潮。紫阳茶从采摘开始，便形成一整套严格的程序与讲究，采摘时一定要提上透气的竹编筐篓，不能用编织袋尤其是塑料袋，不透气会捂坏鲜叶。在采摘时要考虑到新芽要及时采、分批采，并留下供第二次采的叶片。春分、明前、明后对鲜叶有不同要求，只采单芽、一芽一叶、一芽两叶；大宗炒青则以采摘二三叶为宜。不管采摘哪种茶叶，都不能去掐摘折断，那样会留伤痕，要用手指紧捏提采与茶树分离，采的茶芽要尽量保持茶叶形美完整，还要尽快按照传统手工制作技艺进行加工制作。现将《紫阳文史资料："非遗"名录专辑》（政协紫阳县委员会 2018 年 12 月）所收录由张媛、栾成珠整理的《紫阳毛尖茶传统手工制作技艺》节录如下：

1. 鲜叶采摘。紫阳毛尖茶须以紫阳境内所产的紫阳大叶泡和紫阳槠叶种为原料。春分前后开始采摘鲜叶，其标准是一芽一叶或一芽两叶初展，通身白毫或大部分芽头带有白毫。采摘时用竹篮背笼盛装，轻放不挤压。

2. 摊晾。采回的鲜叶立即用竹制的筛子进行分散摊晾，以利水分散失。

3. 杀青。用铁制平底锅进行，每次投入鲜叶 2.5 公斤左右，先用双手翻炒，当芽叶受热烫手时，改用木杈继续翻、抖、捞，以抖为主，历时约七八分钟，叶色变为翡翠深绿，并散发出清香味时即出锅，然后置于竹制或藤制的簸箕中簸动，降温散发水分和热量，并剔出杂质和炒焦的叶片。

4. 初揉。先将杀青后晾凉的茶叶放在干净的石板上或木板上，手围抱茶叶，以手腕、手臂、手掌和腰腿之力旋转揉捻，先轻后重，茶叶之汁水外流削即慢翻轻揉，至叶子成条状即可。

5. 初干。初干有两种方式，一是烘焙，旧志所载清咸丰时县令江开所说“齐焙白毫先入贡”即此，是将经初揉的茶叶用木炭火焙出白毫，并使之香气透发。二是晾干，将茶叶均匀地抖散并进行摊晾。无论是烘焙或是晾干，干燥度五六成即可。

6. 渥堆。这是紫阳毛尖茶制作中最为独特的环节，意在轻微

陕西南部的紫阳县城，整座城在汉江边依山而建　张锋/摄

发酵。将初干的茶叶堆积起来，上盖竹席或布条，四周稍加压，如此三四十分钟，茶叶即升温变软，故又称为“发汗”。

7. 紧条提毫。将半干茶坯握于手掌，两手向不同方向旋转揉搓，使叶子成条并产生白毫。此是“紫阳毛尖茶”造型和白毫显露的必须工序，工匠的手势和力度至为关键。

8. 复干。方法同初干，使茶叶含水率在6%左右，手捻茶叶能成粉末或细脆之粒即可。

9. 过筛选拣。把复干后的茶叶放于竹制筛中将碎末筛出，同时进行选拣，去掉不合格的茶叶，余下则为“毛尖”。

经过传统手工制作的紫阳毛尖茶条索紧结，白毫显露，香味纯正，呈嫩香和栗香，回味甘甜悠长，耐冲泡。“紫阳毛尖”历为皇室贡品，清代居

茶圃现场的茶艺表演　李谢军/摄

全国十大名茶之中，现仍为国内名茶。由于其富含硒、锌、铁等元素，对人体健康有益，为茶中珍品，被海内外所公认。2011 年，“紫阳毛尖茶传统手工制作技艺”被列入陕西省第三批非物质文化遗产保护名录。2017 年被陕西省非物质文化遗产保护办公室评为助力扶贫“非遗”项目。

紫阳毛尖茶真正按传统做出的手工茶从外形看就是工艺品，让人赏心悦目，无法不喜爱，只想得之而后快，得后又会很想与友人分享。这种手工制茶产生的在精神上的微妙感觉不经历无法体会。故清代兴安知府叶世卓写有咏叹紫阳茶的诗句：自昔关南春独早，清明已煮紫阳茶。

中华人民共和国成立后，尤其是改革开放 40 多年来，紫阳茶走上了快速发展时期，茶园规模不断扩大，制作工艺不断提高，伴着国家对秦巴山区扶贫力度加大，也对紫阳茶叶生产在资金投入、技术支持方面给予了许多帮助，使紫阳茶叶、茶业生产规模不断壮大，成为农民增收的领军产业，在紫阳农村经济增长上占据了主导地位。随着茶叶科研项目、茶叶制作水平的不断改进和提高，茶叶产量、规模和知名度上都挤进了全省前列。

现代科学研究表明，硒是人体必需的微量元素，缺硒会使健康遭到严重损害，适时补充硒可起到延缓衰老、降血脂降血糖的功效。饮用天然富硒茶是一种简便易行、经济实惠又无任何副作用的补硒方法。

紫阳境内广泛分布着中国少见的富硒岩层，含硒量高，为全国土壤含硒最丰富地区之一。中科院专家雒昆利教授多年对紫阳植物含硒量进行持续调查研究，认为造成这一现象的根本原因与当地独特的地理地质条件有关，紫阳处在一个富硒地带，较多地分布着富含硒的高硫黄铁矿石，用这片土地上生长的茶树制作的茶叶自然会富含硒元素。1986 年，中国茶叶学会会长、著名茶叶专家陈启坤专程来紫阳考查茶叶含硒情况，经实验得出准确数据后，紫阳茶富含硒的事实得到确认。1986 年，茶叶专家程良斌完成《紫阳富硒茶品质、含硒水平及保健作用研究报告》；1985 年第四军医大学通过实验认为紫阳茶在抵抗肿瘤、抗突变、抗衰老、抗氧化等方面的作用均高于杭州绿茶；2004 年 10 月 29 日国家质量监督检验检疫总局发布 2004

紫阳毛尖茶叶交易市场
彭召伍/摄

年第164号公告，著名营养学家于若木给予紫阳茶“紫阳茶富硒抗癌，色香味俱佳，系茶中珍品”的科学定位。21世纪初，紫阳茶又通过了国家唯一原产地保护认证，批准对“紫阳富硒茶”原产地地域进行保护；2012年，“紫阳富硒茶”被国家工商行政总局授予“中国驰名商标”称号，填补了紫阳县和安康市国家知名品牌的空白，也为紫阳毛尖的前世今生写上了浓墨重彩的一笔。

第四章

茶叶中的艺人匠心

——记紫阳毛尖传统手工制作技艺传承人曾朝和

曾朝和用多年总结的技艺和工序手工制作出来的茶叶，外形紧细弯曲，色泽嫩黄，通身披白毫；汤色黄绿透亮；滋味浓厚清香；余味悠长且耐冲泡。为了区别于传统毛尖茶，曾朝和把自己多年研制的烘烤型新工艺毛尖命名为“紫阳翠峰”。

曾朝和展示安康紫阳毛尖工艺复揉　上官瑛/摄

采访时间：2019 年 4 月 25 日

采访地点：安康市紫阳县和平茶厂

被采访者：紫阳毛尖传统手工制作技艺传承人曾朝和

一

因安康紫阳所产毛尖茶条索圆紧，肥壮匀整，色泽翠绿，白毫显露，茶香嫩香持久，汤色嫩绿清亮，色、香、形俱佳，具备名茶品质，早在唐代便成为贡茶。紫阳所产茶始贡于唐肃宗至德二年（757），名为“金州茶牙”。清乾隆时“紫阳毛尖”被列为朝廷贡品而名声大显，入全国十大名茶之列。所以，《原创文明中的陕西民间世界》丛书中的“茶叶卷”，紫阳毛尖传统手工制作技艺就成为举足轻重的课题。由于隔了市，我并不了解紫阳茶区茶人，是通过现任陕西省作协副主席、安康作协主席张虹才知道“紫阳毛尖传统手工制作技艺”在 2011 年被列入陕西省第三批非物质文化遗产保护名录。2012 年，紫阳和平茶厂厂长曾朝和被列入陕西省“紫阳毛尖传统手工制作技艺”代表性传承人名录。曾朝和这位素未谋面的茶人便成为我必须采访的对象。对紫阳我并不陌生，早年外祖父系杨虎城将军手下团长，曾在安康驻军，并在紫阳蒿坪购置房屋田产，抗战时带全家在此避难，母亲还在安康读过高中，外祖父去世后安葬蒿坪。2008 年清明我曾去祭奠，为那座捐献出去的大院拍过图片。1994 年曾到过紫阳县城，见到多位相识的文友，比如以写紫阳民歌出名、被称为“紫阳文化名片”的紫阳县政协原副主席张宣强；终生关注茶、写茶、为茶圣陆羽写出大传的作家丁文；写出长篇小说《上海是个滩》《郎在对面唱山歌》的作家李春平；不久前在上海偶遇一位现代派画家潘飞竟也是紫阳人。怀着重睹紫阳风采的期待，2019

年4月25日上午9时从汉中乘大巴前往紫阳，全程高速，仅三个半小时便抵达紫阳县城。

“人间最美四月天”，何况四月是采茶时节，紫阳有“春在茶山一片新”的赞歌。一路群山延绵，浓绿滴翠，白云悬吊，如同画卷，让人心绪高涨。走出高客站，便直接打的去了紫阳县城附近的和平茶厂，曾朝和女儿曾红梅告诉我，父亲一早就去了茶山，要下午才能回城里家中，我索性请她开车送我去离县城10多公里的茶山，这儿有曾朝和正修建的第三座茶厂，四周便是牵连成片的茶园。在茶厂见到曾朝和，他已经66岁，但比我想象的要年轻精神，中等身材，神情安详，说话平和，有种儒雅之气，给人印象如同中学老师。那天，他还同时接待几批客商，他安排职工带我先看茶厂，再告诉几位茶工该干的活儿，思路清晰，有条不紊，不显锋芒，更像位中学校长。之前，我们曾有电话联系，互加微信，事先做了功课，对紫阳这

紫阳和平茶厂的茶山环境　上官瑛/摄

紫阳和平茶厂的茶叶生产基地　李谢军/摄

片山水，对紫阳毛尖的前世今生已有所了解，所以采访直奔主题，就在茶厂三楼茶室进行。

曾朝和讲他的先祖是“湖广填四川”时从湖南迁至紫阳的。这点安康学者陈学良在其50万字的著作《湖广移民与陕南开发》中有详述，秦巴山地的汉中、安康是在明清之际的大移民潮流下，伴着适宜在山区种植的玉米、薯类由北美输入，在动乱后的废墟上发展起来的。绝大部分移民世代务农，曾朝和的先祖也不例外。

茶厂建在群山拱围的半山腰上，曾红梅指着隐在云雾中的山峦对我说她家和平村老屋就在那里，几十公里山路现在有乡村公路可通，早先可全是步行山道，群众背上背篓进城赶集往返便需一天。这顿时让人心生敬意。在秦巴山地，平原十有其一，绝大部分人都生活在山区，环境封闭，交通不便，故秦巴山地被国家列为连片贫困区。其中汉中镇巴与安康紫阳山大沟深，尤为艰苦，被列为国家级贫困县。在这里生活更需要坚韧与毅力。曾朝和父母劳苦一生，养育他们兄弟姐妹 4 人。曾朝和 1953 年出生，还没上学就遭遇“三年自然灾害”，家里生不起火，小小年纪就提筐上山寻野菜，钩洋槐花，得感谢“秦巴无闲草”，才免于饿死。这让他从小就知道生活艰辛，除了自己没有谁可以指靠，必须奋斗。初中毕业十几岁便开始务农，幸运的是 1973 年曾朝和入伍，成为隶属原北京军区的一名铁道兵，严格规范的部队生活，理论知识的学习，共和国首都、华北平原、铁道兵所修伸向远方的铁轨都极大地开阔了这个从秦巴大山走出的年轻人的眼界，更不用说知识的储备、胆识的锻炼、胸襟的充实，可以说当兵 5 年对曾朝和的影响怎么估计都不过分！关键在心中树立起一种不向困难低头、要向前奔的信念。1977 年曾朝和退伍回到紫阳老家，对从小生活的这片热土，他无比热爱。但外面世界与家乡贫困面貌的巨大反差又让他心生郁闷，复员返乡一腔豪情与路在何方的惶惑，搅得这个铁血汉子昼夜不安。尤其是在他被推举为 100 多人的生产队长，看到乡亲们劳苦终年，连基本温饱都无法解决，他坐不住了。虽然看清当时“学大寨”蛮干无用，必须结合实际寻找出路，但出路在哪？这个困扰了多少代中国人的问题此时又强烈地困扰着曾朝和。不在其位，不谋其政，国家大事有高官思考。千里之行，始于足下。曾朝和急需思考的是他领导的生产队 100 多人如何吃饱肚子的事。他是个爱动脑子、善于思索的人，面对家乡严峻的状况冷静思考，清楚地意识到紫阳地处秦巴腹地，山大沟深，灾害频繁，年年劳神费力，冬春抬田修地，但这里属中国南北气候交流区域，夏秋多有暴雨，紫阳山高坡陡，倾斜高达四五十度，一场暴雨便把土地冲得七零八落，水土流失，石漠化严重，常是种子都收不回来，只能靠天吃饭。然而，紫阳一带不利于种庄稼，却利于长茶树。茶树根长，能深扎进石缝，不怕暴雨。再说采茶主要在春、夏两季，雨季来临时，茶叶已采摘结束，恰好避开暴雨。历史上，紫阳正是因为有此优势，才成为传统茶区。经营茶与茶结缘，“靠茶吃饭”对紫阳人来讲，几乎可以讲是宿命，违背这个自然规律必受惩罚。和平村自古就产茶，群众有手工制茶传统，靠山吃山，靠茶吃茶，是多少辈人的传统。但是多年强调“以粮为纲”，其余都当“资本主义”尾巴批判，茶业才弄得凋零。曾朝和是个细心且有主见的人，他仔细算账，比较种庄稼与种茶树的收入与付出，结果发现抓茶业只需投入百分之十，便可百分之百获利，而农业多年“学大寨”，实际情况是投入越多损失越大，茶叶收入高出农业收入的 10 倍。唯有取长补短，把有限的人力、财力、物力都投入到茶树的种植栽培、茶叶的制作和销售上，收入才能增加，生活才能改善，和平村乃至紫阳农村的出路就在茶业，不抓茶业是拿着金饭碗讨饭！只有因地制宜，扬长补短，大力发展茶业才有出路！

这些想法让曾朝和激动不已也坐立不安。他知道要改变现状，自己人微言轻，好在有部队锻炼出的胆识，他把各种数据、具体事例以及自己的想法列出提纲，直接去找当时紫阳县委负责农业的副书记李振华。李振华来紫阳多年，也知道这些情况，但现在从一个年轻的复员军人，一个小小的生产队长嘴里讲出来，还是让李振华感到震撼：民心可用，后生可畏呀！也是恰逢其时，粉碎“四人帮”，十一届三中全会召开，改革开放拉开帷幕，种种禁锢被打破，作为主管农业的副书记，李振华也正寻找着突破口。可以说双方一拍即合，十分投缘。于是，原计划一个小时的汇报变成整整一个上午的讨论，这场关于茶叶发展的紫阳版“隆中对”，最终成为一份中共紫阳县委关于大力发展茶业的文件发往全县，在紫阳掀起改革开放后第一个大力发展茶业的高潮。

这次“隆中对”，也给曾朝和带来发展机遇，他获得李振华亲自协调的 1200 元贴息贷款，这在当时是个不小的数字，他用这笔钱购买了一千斤茶树籽，在和平村大力栽种茶树，发展茶业。此前，他已被推举为和平茶厂厂长，有了施展抱负的平台，那几年他几乎整天都在崇山峻岭间奔波，踏遍家乡的山山水水，寻找可以栽种茶树的地方。茶树喜酸性土壤，常与马桑树、葛麻条混长。以致后来和平村凡是长马桑树、葛麻条的山坡，都被曾朝和带着村民开辟成为茶园，茶叶种植面积成倍扩展，茶叶产量年年增长。和平茶厂也在曾朝和的带领下，规范制度，奖勤罚懒，培训骨干，炒制的茶叶明显上档次，价格高出其他茶厂一倍还多。并且影响越来越大，后来直接成为附近12个村的共有茶厂。同时，茶叶制作加工能力也不断提升，产量由他接手时的年产两三万斤上升为15万斤。曾朝和和他的和平茶厂成为紫阳茶业的领头羊，在紫阳茶业发展上起到引领作用。1985年，和平茶厂作为技术协作单位，提供场地、原料、人员，紧密配合紫阳县科委开展“提高紫阳毛尖茶品质研究”课题组，变传统的晒青加工工艺为烘烤型的毛尖加工工艺，把科研成果直接转化成生产力。当年农民出售鲜叶价格每市斤达到5元，成品茶售价由每市斤最高5.5元提高到30元，实现了紫阳县茶叶加工工艺的重大突破。这也成为曾朝和在茶业事业上迈出的可喜的第一步。

和平茶山采茶　上官瑛/摄

二

但是，曾朝和并非一帆风顺，也曾遭遇重大挫折。20 世纪 80 年代中期，根据国家相关政策，茶厂由集体制向股份制改变，曾朝和与几个志同道合的茶人成为和平茶厂的股权人。就在他们引进设备、扩大加工能力、大上台阶的当口，却遭遇不测：茶叶价格大跌，市场供大于求，生产的茶叶卖不出去，造成茶厂连续两年亏损。这也是国情所致，改革初期，新旧交替，缺乏经验，"摸着石头过河"，不按规律办事，凡事一涌而上，市场价格大起大落，造成紫阳茶产业大滑坡。作为紫阳茶业排头兵的曾朝和面临银行贷款要还、拖欠工资要付，茶厂继续经营会继续亏损，不经营又咋办？屋漏偏逢连阴雨，几个合作的股东陆续撤出……压力大啊。

恰在这时，"麻绳偏从细处断"，曾朝和被查出腰椎四至五椎间盘之间发生断裂。起因是他当年入伍军训时，一次扛着近百斤重的军械行军，体力不支又不愿落后，快步追赶时摔倒腰椎受伤，当时年轻躺了几天就恢复了，好比一株玉米尺把高时被风吹折，经一场雨再晒两天太阳就能重新长直。现在年近半百，仅是睡觉翻了个身就从年轻时落下的伤茬断裂，不可能再自然恢复，必须要做手术！而且，要去西安大医院才做得了。曾朝和顶得住吗？一时间，多少亲朋好友都捏了把汗，悬起了心……

即使孤身一人躺在医院病床上的时候，曾朝和也没有想到放弃他的茶叶事业，反而激起他更大的热情与创业的决心。他见过世面，经历过苦难，也积累了创业经验，深知退回去很容易，自己一家人也不是吃不起饭。但一想到那么多与自己患难与共的亲朋好友，还有那么多茶农期盼的眼神，他从骨子里不甘心！其实，人世间干任何行业都不会一帆风顺，都会有高低起落，包括人生也是这样，熬过黑夜就是黎明，走出低谷就是高山。"这副重担压不垮我。"曾朝和回忆说。他在西京医院进行了手术，腰椎断裂处用钢板钛螺钉固定，在家必须躺够 3 个月。时间一到曾朝和又迫不及待地上了茶山，进了茶厂，独自承担起了全部亏损债务，制定目标，革新技术，一方面恢复生产，一方面陆续还贷款硬是撑了过来。放弃还是坚持，恰是人生卓越与平庸的分水岭。

“只要干事，哪有一帆风顺，遭遇挫折才是常态。”曾朝和如此对我说。事有凑巧，那天正采访就像要为曾朝和的感叹提供事例，不大工夫就有几拨人来找他，近年曾朝和和平茶厂已扩展至 3 个厂与一个千亩茶园。还承担着附近 6 个村，1000 多户茶农，涉及 5000 多人的扶贫任务。正在修建尚未完全竣工的眼前的这座茶厂，为的是方便千户茶农就近交售采摘的鲜叶，不用再跑 10 多公里山路去县城茶厂交茶。茶农呼吁多年，曾朝和申请立项，实地考察，争取贷款，购买厂地，才于去年施工修建。紫阳系山区，缺少平地，眼前这座茶厂是利用两水相交，稍显开阔的河谷，才勉强摆布下厂房。为节约仅有的土地，厂房规划三层，最下面一层为维持生态，直接把几十米山崖砌进厂房，上面还生长着野草杂树。这自然会影响茶机安装、电线布置等施工问题，施工单位要来找曾朝和设法解决。接着，又来了几个洽谈的客商，还有安排五一节旅游者的接待，等等。

直到夕阳西下，已到饭点，曾朝和安排我去茶工食堂就餐，正合我意。炒土豆丝、炒青菜、蒜苔炒腊肉，大米饭再加豆腐鸡蛋汤，家常且有滋味，显然不是因我才如此丰盛，平时茶工们也是四菜一汤。我不客气地大快朵颐。饭间，还有人来找曾朝和说事，他都不慌不忙地回答或解决。古人云：成大事者，每临大事必有静气。无怪，在安康这个陕西重要的产茶区，曾朝和会成为首个省级紫阳毛尖传统手工制作技艺传承人，绝非偶然！

三

吃完晚饭下山，到曾朝和的县城茶厂继续采访。接受采写书稿任务时我就思考：近年，随着电器普及，尤其高智能茶叶制作机械的诞生，复杂的手工制作成为一件简单事情。只要在电脑上输入编好的程序，新采摘的

紫阳和平茶厂车间地面保留了自然的山体　程江莉/摄

鲜叶便可自动进行挑选、杀青、理条、扬簸、摊晾、做形、提毫、烘干、风选等多道工序。甚至是按设定的三、四、五克进行袋装，每道工序都有严格的标准和讲究，干净、卫生、环保，符合国家关于食品安全规定的要求，亦会受到消费者的关注与喜爱。因为从消费者的角度看，茶袋上标明了需要知晓的所有信息，会根据自己的饮用习惯，来选用三克、四克或是五克茶的包装，合理省事，何乐不为！

然而，在时尚、高效甚至科学的同时，手工制茶所需要的经过岁月积淀的经验、技艺、匠心都会消失殆尽。更可怕的是在漫长的农业文明时代所产生的种种生活情趣也随之消亡，只有高效率的目的，缺失了手工制茶的过程。那么，在过程中产生的追求、学习、思考、探索，以及一次次失败的烦恼和取得哪怕一丁点成绩所产生的喜悦也将消失殆尽。这不能不说是人类在追求现代化的过程中付出的沉痛代价。其实，人类走过的每一个时代，都有只属于那个时代的文明，互相并不能取代。比如炒制茶叶，从茶叶发现到有意栽培、管理、采摘、制作，以至手工炒制的西湖龙井、黄山毛峰、紫阳毛尖等经历了上千年的时间，有的茶农几辈人就干这一件事情。经验积累，口口相传，祖辈继承，诚如一切成为公认的品牌，无不经过了岁月的积淀，凝聚着茶人生活的智慧和生命的光华。

毫无疑问，紫阳毛尖千百年来均为手工制作，而现在大多数为机器加工取代。那么，紫阳毛尖的传统手工技艺还保持得住吗？手工制作工艺还有用吗？这是我直截了当向曾朝和提出的问题。

曾朝和说：智能茶机确实很先进，大都由浙江生产。那里是著名茶乡，人也聪明，造出的机器也是按人工操作流程制作的，但不管是机器制茶也好，人工炒制也好，都是人在操作，不会手工制茶，也绝对操作不好机器，因为他心里没数，不知道哪个环节该如何处理。时间短都不行，只有长期积累经验，才能感觉和掌握细微的差异。要不怎么那些大工厂掌握机器的工人也会出许多能工巧匠，把一台大机器掌握得像绣花针一样灵巧，不管手工还是机械，道理都是一样，就是全身心地投入和一辈子用心！

曾朝和认为一方水土养一方人，一方水土也养一片茶园。他结合自身经历，要求茶厂员工首先要“学茶”，即对茶叶生长、采摘、制作的基本程序、规律、要求了解清楚，做到心中有数。在制茶的关键技术方面更是要求严格，一丝不苟。要求学员做到“懂茶”，即知道茶的习性，才能在制作的时候顺势而为，把握火候，掌控时间，做出上等好茶。曾朝和善于动脑筋，他对技术骨干们常说的一句话是“耳听千遍不如眼看一遍，眼看百次不如手干一次”。光听光看是不行的，必须要眼到、手到，还要心到。比如杀青这个环节，全靠在炒茶的环节用心，头一天炒的茶与第二天炒的就不一样，既要看鲜叶是明前还是明后，一旗一芽还是两旗一芽，茶是阳坡还是阴坡生长的，阴天还是晴天采的，大多数时候，炒一季茶，没有几锅是相同的，火大火小，时长时短，多少总有区别，就看你用心没有！曾朝和说做茶和心情好坏关系很大，就跟司机开车一样，同样的汽车，同样的道路，同样的天气，但心情若不好就可能出事。炒茶也一样，鲜叶、炒锅、工具啥都一样，心情不好就不可能用心，就容易把茶炒坏。这与厨师炒菜时差不多，同样的厨房厨具，同样的食材调料，味道好坏就取决于厨师技艺高低。即使技艺一样，厨师一个心情好，一个心情差，炒出的菜也会有高低之分。

曾朝和是一个心细如发的人，他对茶叶的敏感程度犹如作家对于文字，画家对于色彩，数学家对于数字，有种神奇的感应。送来的若是鲜叶，他看一眼就知道是哪面坡上的茶园所出，是阴坡还是阳坡，是山腰还是坡顶；他到茶园走上一圈，从茶叶黄绿程度立刻就能判断是缺墒还是少肥，少什么肥，少多少；若是茶农送来的炒制好的茶叶，他甚至能从茶叶条索揉搓得松散还是紧凑，推知制茶师傅是站着还是坐着干活的。这手绝技非一朝一夕可以练就，是曾朝和倾注半生心血积累的成果。为了让这一传统技艺得到传承，他在授徒传艺上有问必答，毫不保留。数十人得到亲传，女儿曾红梅、曾红芳继承家风，对茶业、茶道、茶艺一往情深，刻苦修炼，先后均获高级评茶师、高级茶艺师等职称。

曾朝和对紫阳毛尖在传统技艺制作上永不满足，他举例说：紫阳毛尖在制作过程中，始终存在一个问题，即口感与外形的矛盾，茶叶的外形一般要求一旗一芽完整，颜色青绿为上，泡出的茶水绿莹莹地诱人，看一眼就想喝；但要保持茶叶外形完整，颜色青绿，杀青时就要火小，时间短一些，手揉搓茶条时也要轻揉慢搓，这样产生的副作用是茶叶青草味难以完全去掉，茶味香气提不出来，满足不了口味较重的茶客需求。犹如熊掌与鱼不可兼得，这是许多制茶高手也难以解决的难题。曾朝和却不信邪，决心攻克这个难题：既保持外形美观又提出茶叶香味。

“这个问题你解决了吗？又是怎么解决的？”犹如曾朝和讲工匠要全身心地投入和一辈子用心，作家写好作品也需有种打破砂锅问到底的工匠精神。

曾朝和并不回避尖锐问题，他说要善于总结制作茶叶时的各种得失，尤其是失败的教训。他说一个时期这个难题老是困扰着他，连做梦都想着去

安康紫阳毛尖工艺——摊晾　上官瑛/摄

解决。自从他一次大病，又连遭挫折，就逐渐意识到进入茶叶领域，必须要有自己的“绝活”，才能创出自己独有的品牌，才能真正立足市场。心中有了目标，便会使出全身劲，即使遇到困难也不动摇。他积极参加各类茶叶技术培训班，到哪出差都去当地茶厂，取经请教，买回茶业专业书籍攻读钻研。同时更新设备，改进工艺，每年都举办培训班，将自己不断提高的手工制茶技艺传授给员工和茶农，用自己亲手做的毛尖作为标本，指导厂里流水生产线与茶农制茶。他的和平茶厂逐渐做到茶叶品质稳定，在消费者中声誉日高，终于在波谲云诡的市场站稳了脚步，有了一席之地。

对于“紫阳毛尖”既保持外形美观又充分提出茶叶香味这道难题，曾朝和在多次实践中发现要综合考虑，不去单独解决。在长期的手工制作茶叶的实践中，曾朝和把紫阳毛尖茶手工制作技艺总结出五条：

（1）制作毛尖的鲜叶从采摘技术上抓起，不能用指甲掐摘，这样掐摘有伤口，色会变红。要用拇指与食指向上提摘，还要注意采摘一芽一叶，注意采与留的关系，不能几代叶片一把抓。装鲜叶的必须是竹筐、竹篮，要透气，不能捂着，尽量保持茶叶新鲜。

（2）茶叶提香，杀青火候把握是关键。要稳、准、好。在翻、抖、捞、看、闻等环节要动作熟练，不能迟疑。尽量在叶片色泽、香味度上恰到好处。这点无论是用木柴、土灶、铁锅杀青，还是电炒锅杀青，掌握要点都是一样。

和平茶厂茶叶制作——杀青
王钧/摄

安康紫阳毛尖工艺——揉捻　上官瑛/摄

紫阳和平茶厂　烘焙　程江莉/摄

紫阳和平茶厂　烘焙后的复揉　程江莉/摄

紫阳毛尖制作工艺——炒焙　上官瑛/摄

（3）保持茶叶外形美观，初揉、初干、摊晾时手势必须灵活。在杀青后的初揉和初干后的紧条提毫上要用抱团式、推拉式相结合的揉捻技术，或左轻右重、或来轻去重，动作要协调、轻重需适宜；抖、撒、翻、堆要动作自如，厚薄均匀，做到心中有数，掌控手感、眼观四方，鼻闻始终。

（4）在多年的实践中，曾朝和练出一手只用两掌搓揉来完成紧条提毫的绝技。要点是用力适度，朝不同方向旋转，让茶叶之间相互产生摩擦，显露白毫，翻卷成条，以促使毛尖造型的优美。手中要有一种抚摸孩子般的热爱，充满感情，活儿自然会干好。

（5）在茶叶的复干与除净时灵活掌握。撒茶和堆积的厚度，晾、晒时

紫阳毛尖制作工艺——分拣
上官瑛/摄

间长短，茶叶香气的透发，以及中间翻动的次数，都要根据茶叶具体情况灵活处置，不墨守成规。最后再用自制的风车或柳簸剔去杂质，以保障正品质量。

曾朝和用多年总结的技艺和工序手工制作出来的茶叶，外形紧细弯曲，色泽嫩黄，通身披白毫；汤色黄绿透亮；滋味浓厚清香；余味悠长且耐冲泡。为了区别于传统毛尖茶，曾朝和把自己多年研制的烘烤型新工艺毛尖命名为“紫阳翠峰”，在“1998 年陕西名茶评比”中荣获优质名茶金奖，受到省农业厅表彰。在“2001 年中国紫阳富硒茶文化节斗茶会”上，经过中国顶级的专家团队评审，和平茶叶被评为质量第一，“紫阳翠峰”得分最高，获得“茶王”称号。500 克卖了 1.5 万元，创下紫阳茶叶销售的历史纪录。2005 年后，获得陕西秦巴赛茶大会第一名、第六届“中茶杯”·全国名优茶评比特等奖、第六届国际名茶金奖等多项奖励。2005 年 5 月，美国夏威夷大学教授帝伟·沙多慕名专程到紫阳，实地考察了和平茶厂生产基地茶叶种植、采摘以及加工制作。2007 年 7 月，曾朝和带着陕西省政府选定的最具代表性的地方特产“紫阳翠峰”，参加“俄罗斯中国年”卡卢加州宣传推广活动。俄罗斯联邦布里亚特国立大学还特地派人员到紫阳与和平茶厂签订了合作协议，就茶业人才培养、科学研究、生产加工等领域进行合作。曾朝和花费 30 年心血打造出的紫阳毛尖新型品牌“紫阳翠峰”获得茶界与市场的认可。

近 5 年来，曾朝和的和平茶业闯过难关，走出低谷，稳步发展，投入资金近 700 万元建设标准化茶园 340 亩，改造茶园近 2000 亩，生产的紫阳毛尖“紫阳翠峰”系列每年供不应求，价格呈上涨趋势。曾朝和顺势而为，扩建三处茶厂，购置先进茶机，带动两镇、五村、一千多农户大力种植茶叶，对贫困家庭无偿扶持有机肥、专业种植、管理方面的技术和经验，促使农民增收，逐渐摆脱贫困。曾朝和说，和平村周边还有村民没有脱贫，依靠茶业脱贫是他多年愿望，只要坚持就能脱贫，村民全部脱贫，就是他的最大成就和最大幸福。

四

当晚，曾朝和安排我住在茶厂客房，采访继续进行，我们两个人聊到晚上将近10点。当我清楚了曾朝和手工制作的技艺和工序后，采访变成漫谈，话题却不离茶叶。我特别问到当前国内茶叶市场情况以及手工制茶的前景。关于茶叶市场，曾朝和用精练的语言概括：明（清明）前茶供不应求，明后茶大宗茶供大于求。

他说：中国茶区分布广大，每年元宵节一过，春分时节，南方便有早茶上市，有“春分茶”的说法。但对大多数茶区讲，比如秦巴之间的紫阳茶园，每年春分一过，茶芽就会萌生，当新发嫩芽已有20%达到采摘标准时即可开采。因在清明之前，故称“明前茶”。“明前茶”因其芽叶细嫩，色清香绝而成为茶中上品。

凡饮茶者都希望早日喝上新茶，是因为茶树经过了秋冬积累，养分充足，春季升温，一场春雨，经水浸润，春茶发芽，鲜爽度、饱满度都很高。再说，新年新春再有新茶，以茶会友、以茶邀亲、以茶设宴能使主人和客人都有脸面。有需求就有市场，这是规律。只是这时茶芽很嫩，采茶时要非常小心，4斤多鲜叶（差不多有4万至5万个茶芽）才能炒制1斤毛尖。因茶芽娇嫩量小，再先进的茶机也不能使用，必须用传统手工炒制。最后经过手工筛选、手工精制、检验后才算完工。物以稀为贵，一个茶园也就几十斤，价格自然不菲，“明前茶”的茶内茶外价值就都能体现出来。他研制的“紫阳翠峰”自从在2001年中国紫阳富硒茶文化节斗茶会上获“茶王”称号，1斤卖了1.5万元，创下紫阳茶叶的历史纪录以来，这么多年，最早上市的一批早茶就没有下过每斤1万元。今年最早的1斤茶卖了1.2万元，是安康水电三局一个职工买去的。

“明前茶”满足的是一部分富裕人群，产量不高，价格自然高。明后茶采摘时气温升高，雨水也多，茶叶生长速度快，茶园大量招工采摘，采摘的鲜叶数量很大，又不能过夜，绝大部分是机器加工，机器一开动，产量就很大，一下涌进市场，面对的是最广大的消费群体，主要是自己喝，不会掏大价钱，图实惠。加之近年茶园发展快，茶叶总量增加，所以“明后茶”供大于求。

至于千百年来传承手工制茶技艺的前景，他在坚持坚守传承手工制茶技艺的同时，也有一些困惑。这与我们大家感受一样，觉得主要是社会发展变化太快，让人眼花缭乱、一时无法适应。一件东西才发明不久，人还没弄明白就过时了、不用了，甚至淘汰了，比如前几年的“传呼机”“大哥大”手机，现在谁用？连茶叶包装盒、手提袋都是一年一个样，市场逼着你去适应、去创新，但在发展的过程中千万不敢丢了祖先留下的优秀传统、卓绝手艺。

对传承手工制茶技艺这件事，曾朝和认为政府做了件大好事，抓得及时和必要。掌握各种传统手工技艺的老人越来越少，再不抓就来不及了。保护面还应扩大，比如现在农村长大的孩子有的不会种庄稼，不会使用镰刀、锄头和连枷；栽秧、种麦、收割都是机器，镰刀、拌捅、石磨都不用了，时间一长很成问题。应该有完整的种庄稼的传统技艺传承人才对。

这是一位手工制茶技艺传承人的期待，其实，也是我采写这篇文章的全部意义所在。

2019 年 4 月 25 日采访于安康紫阳和平茶厂

2019 年 5 月 18 日写完于汉中汉水之畔无为居

2019 年 5 月 28 日征求紫阳各界意见后改定

第五章
宦姑古镇宦姑茶

朦胧如纱的月色中，高低错落的石板屋顶会升起袅袅炊烟，伴着淡淡的茶香在山峦、丛林间弥漫，茶香顺着汉水飘进停泊在码头上的船舶，艄公船夫闻着这沁人肺腑的茶香，再晚都要赶来停泊在宦姑码头，为的是喝一碗宦姑茶。这茶汤色黄绿，叶片淡绿显毫，栗香滋味持久，喝一碗肠胃俱热，额头渗出一层细汗，浑身舒适无比，疲劳顿消，酣睡一觉，第二天赤膊露胸的船工汉子便又喊着响彻云霄的汉江号子：你心甘呀我情愿，我们小两口下四川……随着高亢的汉江号子，宦姑茶也声名远播：哎呀呀，皇帝老子都喝的是宦姑茶！

为纪念宦姑，在焕古镇广场，塑有“宦姑斟茶图”浮雕　张锋/摄

年年有个三月三，收拾打扮上茶山。

人人都说茶山好，采下茶叶卖银钱。

流传在汉中西乡、镇巴一带的这首茶歌，也在安康紫阳传唱。盖因镇巴与紫阳山水相依，物候气象、风俗民情也大致相同之故。

新西兰著名记者路易·艾黎在20世纪30年代来到中国，在游历了许多地方之后说：“中国有两座美丽的小城：一座是福建的长汀，一座是湘西的凤凰。”假如路易·艾黎到过陕西紫阳，他一定会说中国有三座美丽的小城，除了长汀和凤凰，还会加上紫阳。三座小城之美，都在于形胜，在于充分利用独特的地理位置，造就人与山水、与环境和谐相处的一种无法复

焕古镇气候湿润适合茶叶生长　张锋/摄

焕古镇曾经是汉江上的一个重要码头。它的历史比紫阳县城还要久远　张锋/摄

制的自然之美。

紫阳县城位于三千里汉水与八百里任河交汇之处，山谷顿显开阔，河水顿显汹涌，涡流有澎湃之势，山城亦显耸立之威。紫阳不仅山城一枝独秀，还有“藏在深闺无人知”的古镇。比如距紫阳县城 20 公里的焕古镇，有石板房屋错落，青石板路通幽，漫步于古色古香的曲径小巷，仿佛把人带进没有纪元的岁月。镇中耸立的名胜东明庵，有“先有东明庵、后有紫阳县”的说法。古镇四周群山环绕，有齐星寨、石女寨、牛头寨、天池垭、云雾寨、东明寨等古寨，声名远扬，吸引着游客脚步。还有一幅石板雕刻

的《宦姑斟茶图》则向游人讲述着发生在这个小镇上的宦姑与贡茶的故事。

焕古镇早年叫宦姑镇，在县城汉水上游，临河有码头，往返有舟楫，商旅络绎，自古繁盛。盖因宦姑一带山峦起伏，土层肥厚，植被茂盛，最宜桑麻，尤其茶园延绵，超过万亩。每当春茶采摘时节，那些坐落在汉水两岸、竹林掩映的农家，家家户户都会用截为尺把长短，耐烧熬火的青冈、板栗，在传统土灶铁锅炒制春茶。朦胧如纱的月色中，高低错落的石板屋顶会升起袅袅炊烟，伴着淡淡的茶香在山峦、丛林间弥漫，茶香顺着汉水飘进停泊在码头上的船舶，艄公船夫闻着这沁人肺腑的茶香，再晚都要赶来停泊在宦姑码头，为的是喝一碗宦姑茶。这茶汤色黄绿，叶片淡绿显毫，栗香滋味持久，喝一碗肠胃俱热，额头渗出一层细汗，浑身舒适无比，疲劳顿消，酣睡一觉，第二天赤膊露胸的船工汉子便又喊着响彻云霄的汉江号

焕古镇中码头边存有清代遗留下来的“宦姑滩义渡碑”，字迹已模糊不清
张锋/摄

从公路边经过这条街道，可以到达焕古镇古码头　张锋/摄

焕古镇现有上、中、下三个码头，中码头历史最长 张锋/摄

子：你心甘呀我情愿，我们小两口下四川……随着高亢的汉江号子，宦姑茶也声名远播：哎呀呀，皇帝老子都喝的是宦姑茶！

宦姑自古便是紫阳名茶的一块生产地，也因这一带适宜种茶，是茶的优生区。紫阳毛尖“紫邑宦镇”是紫阳茶的上等精品，是唐代王室宫廷用茶讲究的品牌。原本，紫阳茶区便是岭南茶的发源地，如今也是紫阳富硒茶的代言产品，是国家富硒茶原产地保护区。早年宦姑滩是享誉汉水两岸最有名气的水旱码头，《宦姑斟茶图》讲述的是京城长安官宦世家的女儿刘冬香推动紫阳茶造福一方的故事，她在宦姑滩东明庵研习佛经，精心栽培茶树，学会手工制茶，荐茶入贡朝廷，使得紫阳毛尖名声大震，造福紫阳一方百姓。为纪念这位官宦世家的女儿，乡民们把此地命名为宦姑滩，直到 20 世纪 70 年代才改名为焕古，寓含去旧迎新，勃勃向上之意。但宦姑

焕古古镇上各具特色的店铺林立，售卖着当地的特产　张锋/摄

滩、宦姑镇、宦姑茶却流传至今。且让我为大家讲述这个安康宦姑茶故事。

早年宦姑滩这处渡口，因岸上一株老柳树上有乌鸦筑了巨巢，每天黄昏，乌鸦归巢，在两山夹水的河谷盘旋鸣叫，也算古渡一景，故得名“乌鸦渡”。唐朝初年，乌鸦渡渡船工姓刘，年至古稀，却无子女，老夫妻在古渡相伴，倒也自在。一日，河岸走来一女子，衣衫不整，面容疲倦，年约二八，独身一人，求渡汉水。老两口与人为善，让女子上船，渡她过江。岂料，刚上船，女子就晕倒了。刘老公看女子模样，凭生活经验，估计是饥饿缺水，吩咐老伴熬了鸡汤，在女子苏醒后让她喝下，待其恢复体力，面容也平静后，委婉问其来历。女孩看两位老人面容和善，可以信赖，才说自己家在京都长安，因父母为仇家所杀，自己侥幸逃脱，不敢再在老家露面，独身沿贩茶古道穿越秦岭，却为汉水所阻。一路衣食无着，半月有余，饥寒交加，身心憔悴，以至晕倒。女孩的叙说，引起两位老人同情，加之没有儿女的缺子之痛，萌生收女子为义女的念头。说出之后，女孩正苦于无处安身，一口答应，并跪拜两位老人，两位老人待女孩如同亲生，女孩也十分乖巧，双方皆大欢喜。相处日久，老人发现女孩很有见识，且谈吐不俗，估计父母非等闲之辈，恐系大户人家。对女孩关心备至，更加疼爱。一日，闲谈之中，老人很自然问及女孩身世，多日相处，女孩已无戒心，终于说出自己出身于官宦之家，因生于冬月，名刘冬香。父亲是朝廷中枢大臣，因得罪奸臣结怨而遭诬陷，父母双亡，祸及子女，幸朝中耿介之士相助，方逃出长安险境，幸遇二老收养，方有安家之地，今生二老便是再生

位于焕古镇西北部群山中的东明庵，它的历史比焕古镇还要悠久　张锋/摄

父母。老人阅人无数，知古渡往返人杂，恐走漏消息，非久居之处。为安全计，对姑娘说："山后有东明庵，住持心善与我交好，你可前往那里躲避，方能以防万一。"刘冬香岂能不知老人远虑，当即收拾，由老人陪伴到东明庵，见过住持，住持亦存善心，择吉日，焚高香，为刘冬香剃度落发，正式入寺作了尼姑，取法名远香。

刘冬香剃度更名远香，更改变的是生活方式，日诵佛经，夜伴青灯，一心向佛，与她心境十分合拍，也深得住持喜爱。一日，远香功课完毕到寺庙附近闲步，见有男女摘树叶蒸后揉搓，问之，乃知是在制茶。唐时，京城长安朝野上下无不喜茶，远香在长安时也曾喝过父亲受皇帝赏赐的茶叶，全家都在饭后品饮过。没想到京城华贵饮品竟出自这山野之处，十分好奇，就向农夫讨要了茶叶，进口一尝，栗香，味醇，比京城所饮之茶还要清香几分。远香回寺，将所见说与住持，住持告诉她此地产茶久矣，史书所载

唐代古寺东明庵，周围有陕南最早的茶山，如今古寺前院就有茶园　石宝琇/摄

神农氏尝百草，中毒得“茶”而解即是此物；日后周商牧野之战，巴人助战有功，受赏者即得此茶。再之后，古巴国献茶周武王，其茶“形似月亮，紧压成团，名曰西乡月团”，此为史载最早“贡茶”，说是“西乡月团”，其地距此不足百里，乘舟沿江一日可达。再是，早在汉末，佛教便沿古道航运传入紫阳，紫阳一带所产茶叶也传播开并逐渐兴盛。寺庙中僧侣由于佛规禁酒，饮茶提神便成为日常习惯。寺院来客不敬酒而敬茶，简单却不失礼仪。寺院这种待客方式先是被香客与拜佛者接受传入民间，进而也被官府所接受。

远香恍然大悟，觉得茶比寺庙更让她喜爱，当即向住持要求学习务茶之术。住持通达，也知远香志向，非寺庙久留之人，一口答应，并愿提供习茶之便。白天去茶农处习茶，晚间仍回寺庙安歇。此后，远香常去茶农家学习种茶、制茶，拣回茶籽在庵中撒种。每年清明，茶露新芽，远香就开始采摘，向茶农学习，制成饼茶。一日，远香忽闻父亲旧友已升朝中御史，专司巡察冤狱之事，心里顿时澎湃，父亲冤案一日不申，自己毕生难安。遂向住持说明原委，住持岂能不准，提供方便，派出游僧陪同远香，除带途中粮饼外唯身背饼茶和零散茶芽，旬日即达长安。远香带着饼茶叩门求见御史，诉说逃难之苦，并送所带新茶。御史见茶，心生一计，把远香所带新茶献与皇上，皇上一饮，连连称赞，即问茶产何处？何人所献？御史说出原委，皇上即招远香入宫。远香亲手为皇上煮茶，徐徐禀报此茶诞生之地，制茶之法，深憾出于秦巴深山，尚未为皇室所享。远香见皇上听得入迷，索性跪下叩头，将自己身世道出。皇上问御史此事是非，御史称事已查清，实属构陷。皇上当即口述两旨，一为刘冬香父案平反昭雪；二令东明庵之茶为贡茶，金州年年向朝廷贡送。日后，皇上又念刘冬香乃遗臣之女，有献茶之功，便令在长安城内择址为刘冬香修庵以弘佛法。

刘冬香后返回东明庵，与茶农一起研究贡茶生产与制作，使其日臻完善。此后，紫阳茶历代皆为贡品，地方引以为荣，茶农亦受益无穷。刘冬香先居长安研习佛经，后云游四方，传授种茶制茶之法，老归东明庵，羽

东明庵大殿古老的飞檐　张锋/摄

化升天。当地百姓为感念刘冬香，将渡口“乌鸦渡”改名“宦姑滩”，后又改“唤姑滩”。其地现为焕古镇政府所在地，古镇古风，茶业亦大兴。学者曾小勤所著《紫阳煮茶》中记载，仅是在清末民初的百年间，安康由于产茶，商帮会馆兴盛一时，任河边上的瓦房店是仅有2000来人的小镇，相继修建了武昌馆、山陕馆、黄州馆、江西馆、湖南馆、川蜀馆、河南馆等，主要商贸活动是做茶生意，控制着红椿、瓦房、焕古三处的茶叶交易。紫阳茶不仅沿汉水西行东运，沿古道输往长安，还开辟了北方市场。早在明代，紫阳直接与外族进行贸易。“俺答封贡”是明代隆庆时期蒙古俺答汗与明罢兵和好开展边贸的事件，史称“隆庆议和”。此后百年间，北方蒙古诸部一

东明庵后山上的唐代经幢　张锋/摄

直臣服明朝，保持和平互市关系。时鞑靼人（蒙古）与明朝政府在陕西三边建立了官市，分为大市、小市两种，大市每年举行一次，小市每月举行一次，鞑靼以金银、牛皮、皮张等易陕西人绸缎、茶、釜锅、糖类物品，而汉中茶（含紫阳茶）通过“三边”市场直接进入蒙古高原。抗日战争时期和解放战争时期，虽然国民党政府对边区实行严密封锁，但茶叶不属“违禁品”，边区又实行保护工商政策，商人乐于去边区做生意。甘肃庆阳茶商张元忠曾将大批紫阳茶销往边区。国民党政府军驻宁夏某部也打着“淀源公司”的招牌，到汉中转运紫阳茶，一次就是三四百骆驼，可见紫阳茶交易的繁盛。清代学者魏源评价“隆庆议和”不仅平息明五十年之烽火，还开本朝二百年之太平。这些历史往事虽早已逝去，但焕古茶业却长盛不衰，至今还是安康名茶基地。

“宦姑与贡茶”的故事在紫阳县世代流传，对研究紫阳贡茶的历史有参阅价值。2013 年，“宦姑与贡茶的传说”被列入安康市第三批非物质文化遗产保护名录。

第六章

秦巴雾毫诞生记

——访茶叶专家蔡如桂

干好任何事情都需要把全身心投进去，蔡如桂是把生命都投进去了。蔡如桂把主要精力投于名茶研制。他不信邪不服输，既看到科学道路上的艰辛，又明白一个道理：潜心钻研是在任何领域取得建树的唯一途径！

蔡如桂（左三）与王蓬（左二）等友人　王蓬/供图

若寻根溯源，茶叶始于上古炎帝，几乎与中华民族同时诞生。延续数千年，名茶辈出：西湖龙井、黄山毛峰……每种名茶的栽培、制作、品饮乃至茶具，莫不包容中华文化发展的历史轨迹。近年，又有一种新名茶问世，名曰秦巴雾毫，连获省级和国家级金奖，声名鹊起。其间，却又包含一位农学院毕业的大学生，扎根陕南秦巴深山半个世纪，为培育名茶历经坎坷的动人故事。

初进巴山

深秋，大巴山苍凉而蛮荒。卡车扬着尘土，在简易公路上颠簸。当年，刚从大学毕业的蔡如桂带着两箱书和一条四斤重的薄被挤在一堆衣衫破旧的山民之中，驶往大巴山腹地。

50 多年前，镇巴县城仅仄斜着一条恓惶的街市，仅有的一家国营旅社也肮脏不堪，电灯昏黄，墙壁斑驳……几天前，他还在芳草如茵的校园散步，在华灯初上的合肥街头与未婚妻话别，反差太强烈了！

是啊，这便是陕西省镇巴县。镇为群山之首，巴即巴山。曾属川陕革命根据地，红透过半边天。终因山大林深，基础太差，中华人民共和国成立后多年仍是吃补贴出名、谁也不愿去的穷苦地方。

其实，也不该蔡如桂去的。他 1966 年毕业于安徽农学院茶叶系，“文革”延误至 1968 年分配到距合肥仅 40 里的肥西茶区。家乡近在眼前，理想不过。临行时，分往镇巴茶区的同学张文柱患了肝病，没人动员蔡如桂，他主动与张文柱对换，半因友谊，半出于豪爽，亦不能排除 20 世纪五六十年代知识分子的真诚，“毛主席的战士最听党的话，哪里艰苦哪里去安家”。但最深沉的原因在之后漫长的岁月才得以显露。与其说蔡如桂服从了命运的安排，毋宁讲镇巴乃至整个陕南茶区历史地选择了蔡如桂。

初到时节，恰逢阴雨连绵，灰暗的雨云笼罩山头，倍感沉闷。加之，当时极“左”盛行，凡来此处的大学生都有被当“臭老九”流放的嫌疑。蔡如桂到县蚕茶站报到，一月竟调四次宿舍，一次比一次差。同时分去的一位中专生，未婚妻来看了一眼，就跟下地狱般哭着与爱人分手了。

蔡如桂也曾惶惑苦闷。好在他从小家道中落，上学全靠寒暑假打零工挣学费，深知生活艰辛；又有股争强好胜劲儿，告别同学时曾留下"学毕出师，看哪方瑰丽多娇"的铮铮誓言。败退回去，有何颜见"江东父老"。既来则安。冬日不是去茶山时节，他便做准备工作，从小在水网平原长大，出门车船代步，爬山成了痛苦事儿。他决心攻克这关，每日清晨和星期天都去爬县城附近最高的安垭梁。几个月下来，他居然能像当地老乡那样翘着屁股，摆起胳膊，不慌不忙地上下山了。

痛失良机

1969年春天，蔡如桂迫不及待地去茶山。途经高可摘星的星子山，危崖高耸，鸟道摩天。得益于一个冬天的锻炼，蔡如桂跟着茶站老李爬得气喘心跳，总算上了山顶。他以为翻过险山就有坦途，可刚看了一眼就直吸冷气，大山重重叠叠，无边无垠，一片原始荒山野岭般的沉寂，下山"猴子道"垂藤般跌进幽谷，一上一下整整50里！他这才领教了大巴山的严酷。

百里山路赶到，已是暮色苍茫。山区没电没蜡烛，单是火塘把漆黑的竹楼映得发亮。老李特地找户条件好的农家歇息，主人挺热情让出了竹笆床。蔡如桂困乏极了，可一看愣了，床上仅铺些山草破席，霉腐味直冲鼻子。刚睡下，虱子跳蚤纷纷袭扰，他只好爬起蹲在火塘边。深山夜长，山风吹动老林，发出单调恐怖的呼啸。他心里委屈又凄楚，硬蹲到天明。他没想到茶山第一夜竟这样度过，更没想一蹲就是半个世纪！

"茶山茶树呢？"他天不亮就想上坡。

"这不是么。"老李指着眼前的山坡。

"什么？"他想象的茶山应该像江南茶山，茶树成排，满山碧绿。可这里，茶树与白杨混长，茶叶与野草杂生，零星分散，良莠难分，哪有茶山茶园模样。茶叶呢？他们来到一户农家，院坝分明摊晒着茶叶，老叶嫩芽混杂，一条狗卧在当中，一群鸡在茶叶中扒拉。这怎么行？他要撵鸡狗却被制止，原来茶叶中撒着苞谷粒儿，专门让鸡刨狗挖，代替人工翻晒，鸡粪狗屎也就混杂其中，完了用脚踩揉……无怪每去一家，纯朴的山民捧出大碗茶，茶叶足有巴掌大，杆儿两寸长，茶水黑红，酸馊苦涩，根本不是茶味。老乡却说："巴山茶口劲大，喝着过瘾！"

再仔细了解，他心情益发沉重。他来的这片茶区还是全县产茶典型，每年粗杆老叶算上万把斤左右。由于茶质低劣，只能销往边远地区，每斤仅6角8分。群众没积极性，日子十分苦焦，住房土墙茅舍，床上破席烂被；吃得更糟，半年缺粮，多靠火塘吊罐煮些山果野菜充饥；男女老少都面黄肌瘦，神情麻木。

一连几日，他在茶山踌躇，心情不能平静。他清楚记得唐代陆羽所写中国首部茶叶专著《茶经》开篇就载："茶者，南方之嘉木也。一尺、二尺乃至数十尺。其巴山峡川，有两人合抱者，伐而掇之……"分明就指此地。当初读时，"巴山峡川"就在脑中生了根，也许这才是来镇巴最深层的原因。他万没想到历史悠久的茶叶诞生地，管理和制作还停留在原始阶段。

《茶经》记载错了？这儿茶真的不好？他举目四顾，皆高山密林，多云多雾，天时地利俱佳，高山云雾出名茶啊！症结在哪？

他坐不住了，决心弄个明白。他自置炒锅和木盆，住进茶农刘勋仲家，全不顾及夜间跳蚤叮咬，半菜半粮饭食，全身心投入茶叶制作中。打开背上山去的书籍和实习笔记，对症下药，比较配方，完全按照科学的方法选料、揉搓、烘炒、晾干……结果，制出的茶叶与老乡喝的茶完全两样：茶叶形状优美，汤色鲜亮，嫩绿的叶芽在茶杯中伸展，仿佛向人展示希望。

初试成功，使蔡如桂大受鼓舞，面对起伏的大巴山，他激动得想扯开嗓门大喊，只觉得千山万岭在对他召唤，蓦然间，揭开茶山历史新的一页的责任感在他心间庄严升腾。

经过思虑，他觉得改变茶园管理需做长远规划，改变茶叶制作现状实乃当务之急。但当时百十户人家大队穷得连一瓶蓝墨水都买不起，还能妄谈改手工制茶为机械制茶？他找到公社获得支持，土法上马，成立了简陋的小茶厂。利用山区原有的木制水轮机带动双锅杀青、木揉茶机，完了再用炭火烘烤。结果，茶叶明显上了一个等级，价格由6角多提高到1元多。当时是个了不得的数字，附近茶区羡慕，连检查春耕的县委副书记薛雨贤都被惊动，亲自到茶厂参观，连声称赞，并立即指示附近茶区都来参观学习，大力普及。末了还紧握着蔡如桂的手说："你这样的大学生，再来一百个我们都欢迎！"

"臭老九"备受歧视的年代，能被县委书记称赞，蔡如桂委实激动，他当即自告奋勇，愿意去有关部门联系杀青之类的简易机械，为改变茶区面貌贡献青春……

兴隆镇境内的星子山海拔1954米，山脉绵延兴隆场等个九个乡　石宝琇/摄

凑巧，那年汉中地区外贸公司为普及机械制茶运回一批杀青机、揉茶机正愁没人要。蔡如桂得讯喜出望外，交通不便，竟步行 90 多公里，当天从西乡赶回镇巴，准备购买机械，大展宏图。

岂料，一盆冷水迎头浇下，上级组织通知不要再去茶山，立刻参加路线教育工作队！

他惊呆了，再三请求返回茶山，都无济于事。他还险些乎被扣上路线觉悟不高的帽子。机械没买，茶厂荒废，试验中断，一次有可能使茶区建设大大加快的机遇莫名其妙地断送了。

十年风雨

他本以为路线教育搞一段就完了，然而，哪有个完呢。这可苦了蔡如桂，找领导死缠硬磨，没用。后来他索性利用到各处参加工作队的机会对茶区进行调查，使他有机会将川陕交界 30 多片茶区统统走遍。真正是“四十九道脚不干，七十二道狗钻洞”，吃苞谷野菜百家饭，睡吱吱作响的竹笆床，挨冻挨饿，一天不见粮米，整夜蹲火塘是家常便饭。他后来锻炼得竟然能拄根拐杖在大巴山“猴子道”上一天跑五六十公里。当地老乡都佩服：“蔡老倌好走手！”

他取得许多绝对原始又珍贵的资料，对整个分布于镇巴的“中园茶”历史和现状了如指掌。他清楚，要对如此广大的茶区进行改造，单枪匹马不行。所以每到一处都争取社队支持，顺应农民务实心理，亲手做给他们看，在有文化的年轻人中寻找培养对象。他自编教材，利用采茶、制茶季节在实践中教授，取得事半功倍效果。他培养的农民技术员周兆定、何天志、李天和等都成为茶区骨干，为日后大打茶叶翻身仗打下了基础。

十年风雨不寻常。蔡如桂由刚来镇巴的年轻小伙变成胡子拉碴的中年人了，跟他同时来镇巴的 30 多个大学生也差不多走光了。他并非不思念故乡亲人，妻子独自带着孩子在千里之外的蚌埠，还要照顾他年迈的父母，辛苦可以想见。他们盼老蔡能够回去。人非草木，大山区多少个寂寞的黄昏，或深夜的孤灯下，他思念亲人心都发痛。晚唐诗人李商隐那首《夜雨寄北》多次出现在他与妻子的通信中。“何当共剪西窗烛？”他仿佛窥见妻子的嗔怪，可也只能愧疚地推托：“君问归期未有期。”

哪有个期呢？茶区建设刚刚起步，培育名茶的愿望还未提上日程，千头百绪萦系心头，不忍离去啊！他已经与郁郁葱葱的大巴山结下不解之缘，故乡倒有了陌生感。回家探亲，梦里也想茶山茶树。

但夫妻分居终非长事。他数十次写信、做工作，终于说服善良的妻子舍弃了南方城市，带着孩子到大巴山安家来了。爱人中专毕业，有文凭有公职，可到镇巴后一时安排不上工作，先后到河滩筛沙子，做临时工，喂猪、做饭，后来才在幼儿园当了教师。每一位事业成功的丈夫后面，几乎都有一位为之做出牺牲的坚韧平凡的女性！

在大巴山区安了家，入乡随俗，蔡如桂巴山化了，交了许多茶农朋友，更加奋力地在茶区那些崎岖的山道上攀登……

福祸并降

粉碎“四人帮”后，全国科技大会召开，中央专门下文：茶叶要有一个大发展……宛如一束阳光驱散大巴山云雾。蔡如桂只觉得满山青翠，阳光明媚，要好好大干一场了。凭借他积累的丰富经验和对国内外茶叶发展趋势的认识，以及对镇巴茶区情况的全面掌握，他向主管领导提出种种建议：迅速发展密植高产茶园，大力普及机械制茶，加快培训技术骨干……

此外，他还深知，为何镇巴茶区古老悠久却鲜为人知，关键是缺乏像西湖龙井、黄山茅峰那样的名茶。蔡如桂深谙产品知名度与其发展的辩证关系。镇巴资金缺劳力少却有高山云雾的地域优势，宜于提高质量，一个在胸中酝酿已久在此地培育中国名茶的宏愿已开始列入他的奋斗目标。

这些切合实际又有独到见解的建议得到当时镇巴县委书记袁广才以及

汉中地区农委、科委的支持，人力财力物力都得到加强，整个茶区一度呈现出生机勃勃的景象。

蔡如桂把主要精力投入名茶研制。研制名茶，谈何容易！西湖龙井不知经过多少代人的前赴后继才名扬天下。蔡如桂不信邪，他明白一个道理，潜心钻研是在任何领域取得建树的唯一途径。他比较国内外近百种名茶特点，以及南北方国人的喝茶习惯，取百家之长，形成自己特点。从 1978 年到 1981 年，苦苦奋战几年，研制出一种既有南方名茶精致，又有北方人喜爱的成条成朵形状、显毫露毛特点的茶，冲上开水，茶叶便纷纷展开两片嫩绿的蕊芽，仿佛摇曳枝头。茶水清绿明亮，喝一口清香沁人肺腑。茶叶最初起名七里芳，谁见谁爱，受到地区科委、农委高度重视。送进省城，一炮打响，荣获 1981 年省优质茶叶奖，蔡如桂也连续获得各级奖励，还当选为县人大代表。

可惜，对于社会人生，他却委实糊涂。就在他潜心撰写论文、报告的 1982 年，一场灾难突然降到他头上。其实，就在他当选县人大代表的时候，就埋下了灾难的种子。

蔡如桂脾气耿直，遇事敢于直言。尤其事关茶树茶叶，常以权威自居，容不得“瞎指挥”，在购置茶叶机械，对茶农实行价格补贴等问题上坚持己见，顶撞过主管领导，于是就落下“自傲狂妄”“目中无人”的话柄。

1982 年全国开展打击经济领域中的犯罪活动。有人反映蔡如桂花钱大手大脚，常买好烟，其实他并不吸烟，是交友的亲和举动；上集市车把上就挂只老母鸡，其实那是深得其惠的茶农硬送给他的。哪来的钱？没贪污才怪！来镇巴十几年起码也上“万字号”了！

贪污万元还得了！蔡如桂被列入了地区“五大要案”，省地专案组亲临镇巴。可蔡如桂不吃这套，据理反驳，又落得个“态度不好”的罪名。

1982 年 9 月 18 日，蔡如桂被戴上了“秦公 1491”号合金钢手铐，关进了高墙铁窗。关人总得有“罪状”，于是动用六七十人次，跑遍蔡如桂因研制茶叶去过的六个省市，耗费国家数万元，结果并没有查到蔡如桂一分钱的

镇巴县境内，约200平方公里面积的星子山，常年云雾缭绕　石宝琇/摄

“贪污”款。于是硬从蔡如桂参加工作十几年的报销票据中凑出了1001.96元，因为贪污千元以上可以判刑。怎么凑呢？单位修房缺门窗料，买蔡如桂两块木料60元算贪污；为研制名茶5年中拍发的18份电报费算贪污……连办案人员都觉得过分，但蔡如桂仍被判两年徒刑，关进了县大狱。

刚进去时，蔡如桂和那些杀人犯、强奸犯关在一起，他心情痛苦，抚着为扛制茶机械在冰雪封山的路上摔伤的右腿，为组装电炒茶锅碰瞎的左眼……算得上历尽艰辛，却蒙受这样的打击，怎么也想不通！

人心如镜，许多朋友熟人尤其是茶农都纷纷来探视，给他宽慰；地县一些领导也给他捎话不要着急，要相信党和政府会把事情弄明白。于是他深信自己的问题终有一天会水落石出，心情坦荡些了，他的劲头又来了，牢狱里不能干别的正好读书。管教人员为他提供了种种方便。他重新学习了有关茶叶的种种最新专著。平常没有时间，也缺静下来思索的心境。如今，当他把逆境荣辱置之度外，这种学习使他十几年的实践经验获得认识上的升华和飞跃。不仅对茶树茶叶，对人间社会乃至天体万物都有了一种通达的感悟，恍然明白了没有痛苦的人生倒是不完整的人生。

自然，牵心萦魂的还是茶山茶树。1983年开春，他身在高墙铁窗里面，心却早飞向了鹅黄淡绿的茶山。一年一度，就这几天最佳试验时间，错过又是一年哪！他心急如焚，两次打报告，要求去茶山完成试验，并提出让管教人员跟上监护。但毕竟是监狱，哪有这种先例。日后，一位新华社记者在他罪证袋中发现了这份报告，眼眶湿润了，摇头感叹：这可以列入中国知识分子事业心之见证!

负重前进

1984年，蔡如桂被判刑入狱一年半后才得获释。1988年底，在地县领导的一再过问下，对蔡如桂的“诬蔑不实之词”才得以全部推翻，撤销原判，宣告无罪。至于耽误的职称晋升，造成全家人的精神痛苦，也只好让蔡如桂“顾全大局朝前看”了。

但出狱后的4年，蔡如桂却在事业上取得突飞猛进的发展。

1984年3月7日晚8时，蔡如桂从牢狱获释，3月8日清晨就上了科研场地道士垭茶场。3月9日参加县茶叶技术训练班，登台讲述。4月份最后完成名茶接继之前的小试……

这是一般人难以想象的。这时，他蒙冤出狱的消息传回故乡，同学朋友纷纷来信让他回去，连母校安徽农学院都请他去主持学校茶场。人到中年，落叶归根，亲不亲，故乡人，多好的机会。蔡如桂望着黛苍滴翠的大巴山，心潮起伏难平，当年恓惶的县城如今新楼成群，日趋繁华，其间多少也有他的努力和汗水。越是经受过苦难的地方越不忍离去，再说这里有那么多支持他的朋友，出狱后许多茶农把母鸡鸡蛋大米送到家中，名字都不曾留下。此外，他培育名茶的理想还没最后实现。地区农委、科委，县上一大批领导，都盼着他拿出成果，不能半途而废啊。他谢绝了老师亲友的好意，认定了只有在事业上真正干出成绩，造福于人民，才能真正体现他的价值。

干好任何事情都需要把全身心投进去，蔡如桂是把生命都投进去了，他把主要精力投于名茶研制。他选择了海拔高、云雾概率高、无污染，同时有电有水较为方便的七里沟茶区作为试验场地，一头扎下去，选定茶片，剪修茶树，研究资料，比较方案，多头并进，经常是一天只睡四五个小时，忘记吃饭更是常事，有时竟想不起来什么时候回过家，乃至于从春到夏整个泡在茶区。爱人洗衣服时闻着整个衣服都是茶味、汗味，嗔怪他恨不得自个儿也长成茶树。

委实，蔡如桂此刻心里只有茶树、茶叶。他比较国内外近百种名茶特点，以及南、北方人喝茶习惯，取百家之长，形成自己特点。选料极为严格，全是清明前后，一场细雨润过，枝头绽出的嫩芽，茶山姑娘手提竹篮采摘回来，护仙桃似的认真；操作也极讲究，仿佛绣女挑花，一个环节都不马虎。而每道环节又都是蔡如桂反复试验反复比较才琢磨出来。加工好的茶叶，蔡如桂每每做出一番“茶道”让来客品茗。

寒暄，握手，让客人坐定。蔡如桂必定净手，抹布擦桌，极珍重地搬出一套茶具。如在家里，当然是用他不远千里从景德镇背回的一套仿宋细瓷茶盘、茶壶以及八只一套的精致茶杯了。若在试验场地，也只好将就，但必定是茶碗或玻璃茶杯，即能观赏到茶叶在水中的舒展，搪瓷茶缸则决无此殊荣。茶杯自然擦洗得纤尘不染。

且看蔡如桂扶正眼镜，三个指头捏起一撮茶叶放进茶杯，若是几只茶杯，那茶叶多少注定不相上下。然后提水，水当然是大巴山流出的淙淙泉水，清冽甘美。蔡如桂便也摇头晃脑一番炫耀：“茶水茶水，茶讲究水也得讲究，山水为上，江水为中，井水为下，好茶需配好水才有滋有味。”

说话间，一缕热水冲入茶杯，不多不少，刚刚浸润茶叶。少停，等茶叶伸展，等茶味出来，再添入开水至茶杯沿二指许，那杯底的茶叶纷纷展开两片嫩绿的蕊芽，一旗一枪在水中浮上沉下，仿佛嫩芽摇曳枝头，茶水也顿时绿莹莹的清亮，未曾入口，先使人精神为之一爽，如同听一幕歌剧序曲，进入一种审美境界。

再看蔡如桂时，仿佛陪客，也仿佛示范，郑重端起茶杯，脑袋略偏，轻轻地呷一口，并不出声，紧抿嘴唇，直把那茶水带着茶香吸入肚腑，闭目品味，良久，才十分得意满足地吐出气。顾不得擦眼镜片上的蒸气，脸上笑眯眯地静等众人批评。

客人当然照蔡专家样子模仿。经历这一过场，细品那果真妙不可言的茶味，观赏那春日的嫩芽，有文化懂茶道的人当然如听音乐，如观古玩，如春游，如赏月……心旷神怡，进入一种境界。赤脚两片目不识丁者此刻也如敬香，如献佛，如送子女入学，神情庄重，满是一片敬畏了。末了，当然都齐声喊好，懂者不懂者的赞叹全部委实真诚发自肺腑。

作为茶叶专家，他清醒明白。大凡人对付出心血的、引以为自豪的、珍贵的东西，总有种止不住的偏爱，因此总愿意听从内心的想法，或留着自己享用，或与最亲近的朋友分享。一片片茶叶在蔡如桂的手中，仿佛有了生命，纷纷舒展开来，活灵活现地展示自己的属性。蔡如桂说：我这一生最大的幸运是与茶结缘，最大的奢侈也是从事了茶这样一种有着悠久历史与厚重文化的工作。我以茶为业、以茶为荣，以茶为终生事业。如果缺了茶，我可能成为没有灵魂的躯壳。

他用心血浇出的果实——七里芳名茶正式获得认可。1984 年 11 月，被列入世界科技名人的我国茶叶界一级教授陈椽亲率国内 20 余名茶叶专家专程来镇巴对七里芳进行鉴定，认为其具备名茶品质，给予了高度评价。陈椽教授抚着银丝，笑微微地对他的得意学生蔡如桂说："七里芳算是乳名，现在要走向社会，我给他取个学名吧。"言罢，老教授挥笔在镇巴出产的优质宣纸上，写下苍劲的四个大字：秦巴雾毫。四周一片叫好。

1985 年，秦巴雾毫成为陕西省第一个通过鉴定的名茶，进入了省人民大厦，人民大会堂，深受消费者欢迎和专家关注。

蔡如桂不仅为镇巴培育了名茶秦巴雾毫，还先后协助邻近的西乡、南郑等茶区培育了走进全省全国行列的名茶。更关键的是名茶辈出，引起各方面的关注与重视，财力物力获得加强，整个秦巴茶区发生翻天覆地的变化。仅镇巴，茶园面积就由过去零星分散的近万亩扩大到整齐密植的 3 万亩，基本上普及了机械杀青、电锅烘烤等现代制茶技术。产量则由过去十几万斤提高到 40 万斤。最好的秦巴雾毫从茶农手中收购也达每斤 60 元了，广大茶农真正迈上了致富之道。

蔡如桂大学毕业到秦巴茶区度过 50 多个春秋，他所起到的作用在于，使这片具有古老历史的茶区在茶树茶园的栽培与管理、茶叶的采摘与制作上实现了由原始落后向科学文明的飞跃。

1988 年，秦巴雾毫连获殊荣，获得四个大奖：陕西省 11 个地方名牌产品第一名；国家星火计划成果奖；中国首届食品博览会银牌奖；中国优质保健产品金鹤奖。

1989 年元月，蔡如桂和镇巴县县长龚德昌从人民大会堂领奖后的第二天，首都文化界、茶叶界知名人士欢聚一堂，品评刚刚获奖的秦巴雾毫。一边品茶，一边称赞，希望秦巴雾毫走向世界。

蔡如桂望着满厅赞许、鼓励的目光，笑了，走向世界，正是他下一步要努力的目标。

此文原载《人民日报》1989年9月10日，《新华文摘》同年11期转载，获《人民日报》中华人民共和国成立40年征文一等奖。2019年6月修订。

第七章
茶业兴隆之路

兴隆距镇巴县城四十公里，其间绵亘着海拔近两千米的星子山主峰，每年积雪三个月之久，蕴蓄的溪流汇聚为楮河，东流沟通紫阳茶区汇入汉水。

流经兴隆镇境内的楮河，也是生成云雾的水域，有利于高品质茶叶生长　石宝琇/摄

这是一片在陕西乃至全国都有名气的历史悠久的传统茶区，也是一片闭塞落后的国家级贫困地区；30 多年前，有“巴山茶痴”美誉的茶叶专家蔡如桂就在这里为陕西培育出名茶“秦巴雾毫”。如今，这片茶区情况如何？有何发展与变化？这是许多人都关注的事情。近日，笔者专程走进巴山腹地，走访了蔡如桂当年培养的几位茶农。

当年，蔡如桂最早蹲点的茶区是镇巴东三区之一的兴隆镇青狮沟村。这里是“秦巴雾毫”的研发地，也是炒青茶使用滚筒炒干机和木制揉捻机推广生产基地。

兴隆距镇巴县城四十公里，其间绵亘着海拔近两千米的星子山主峰，每年积雪三个月之久，蕴蓄的溪流汇聚为楮河，东流沟通紫阳茶区汇入汉水。其实汉中所属镇巴、西乡皆被归为紫阳茶区。盖因紫阳所处我国硒矿分布重要地带，所产毛尖茶条索圆紧，肥壮匀整，高香持久，且富含硒元素，早在唐时就被列为朝廷贡品。兴隆与紫阳接壤，近水楼台，更是传统优质茶产区。唐代茶圣陆羽所著我国首部茶叶专著《茶经》开篇即讲“茶者，南方之嘉木也。一尺、二尺乃至数十尺。其巴山峡川，有两人合抱者，伐而

镇巴县境内的星子山，海拔 1954 米　石宝琇/摄

掇之……”，分明就指秦巴山区。这次我们在路边山坡就见到一株野茶树，树龄有 300 年之久。兴隆有茶马古道连接西乡“子午道”南口，北去长安。据《定远厅志·赋役志》记载产茶主要在兴隆、观音等地，茶税收入为财政主要来源。如今，茶业更是兴隆的支柱产业。

一

我们一行沿“村村通”水泥路，乘车逶迤而上，峰回路转，眼前豁然开朗，青狮沟村的百十户人家散居在一条植被葱茏的山谷里，白桂峰家在一处凹进的平台上。引人注目的是他新修的几间瓦房，两根笔挺的顶梁柱两边对立，犹如守门将军，宽阔的干栏沿上，有新锯开的木板，彰显着木匠家世。见有客来，70 岁的白桂峰迎出门来，他中等身材，面色红润，让坐、泡茶，手脚麻利，并不显老。带我去的茶人何玉贵刚介绍到我，白桂峰便说，我把你写的《巴山茶痴》看过多次，都快背过。白桂峰初中文化，在山区就算文化人了，是这带出色的木匠，当年正是他为蔡如桂做出第一台木制揉茶机。

他转身回到屋里，取出一个中学生作业本，上面赫然写着：我在茶技站十三年。字迹清楚，笔画端正，真正第一手材料。上面清楚写着：1982 年春，在蔡师傅（蔡如桂）的安排和指导下，炒制“七里芳”（秦巴雾毫原名）样茶十六斤，全手工炒制。送到县科委作为“七里芳”茶批量生产定型的鉴定样。后来我和白桂如二人到全县各有茶区社做资源调查，包括茶园位置、状况、海拔高度、年气温、雨量、土壤、品种、面积、产量等诸多因子。做好记录，给站茶叶组汇报。

这个作业本中还有一段：1967 年到 1969 年期间（正值“文革”十年动乱），我的报酬是每天两角钱，由站直接付给生产队，生产队给我每月记 300 分工分，分粮。已经是很不错的“工资”标准了。

白桂峰是木匠，有技术，是按技工每天给两角钱的。当时，整个镇巴

秦巴雾毫 石宝琇/摄

乃至大巴山区，工值几分钱的生产队比比皆是。与那时候相比，白桂峰现在的生活发生了翻天覆地的变化，日子越过越红火。

我们看着白桂峰新房，问他才知道两根顶梁柱竟然是从俄罗斯进口的红松。他说不贵，每根 1200 元。早年山上的树都砍光了，现在四周满山青绿，都是退耕还林后长起来的。我拨通蔡如桂手机，让他们通话，两位老人说起往事，满脸都是幸福。

当年与白桂峰一起向蔡如桂学习茶技的还有李天和，他已经 76 岁，我们在临街长达六开间的房屋见到了他，说起早年制茶都是集体办厂，脚蹬手揉，没人操心，大锅饭，泥鳅黄鳝一般长，出工不出力，方法守旧落后，茶叶几毛钱一斤。因不值钱，群众无积极性，老辈人制茶手艺没人学，质量上不去。正应古语：王小二拜年，一年不如一年。蔡如桂来后，带来科学制茶，当时也无机械，全是手工操作。他跟蔡如桂学会手工制茶，其实就是中国南方千百年间积累的手工制茶方法。蔡如桂讲当时设在杭州梅家坞的国家级茶研所也是这么制茶。

那么，蔡如桂是如何教茶农进行手工制茶的呢？李天和回忆说，茶农大多没文化，没有记笔记的习惯。老蔡便在现场指导，用最简单的办法归纳为几条。李天和有文化，用笔写下来，也很简单，干几次就能记住。其方法如下：

（1）鲜叶采摘。大巴山茶区清明前后开始采摘茶叶，标准是一芽冒头、一叶初展。采摘时要用竹篮或竹编背笼，透气不捂。

（2）采回的鲜叶立刻用竹筛分散摊晾，不能太厚，让水分尽快散发。

（3）要用铁制平底锅进行杀青。一锅鲜叶不超过五斤，用双手翻炒，烫手时再改用木铲翻、抖、捞，以抖为主，不超过十分钟，叶色出现深绿，有清香味时就马上出锅，放在竹簸箕中簸动，降温散热量。

（4）初揉。把杀青放凉的茶叶放在干净的木板上，石板也行，用手围包茶叶，用力旋转揉捻，先轻后重，叶子成条状即可。

（5）渥堆。这是茶叶制作中的麻烦环节，如同乡村蒸馍发酵。把炒过初揉的茶叶堆起来，盖上竹席，四周稍压，这个过程有三十分钟，也称“发汗”。

（6）紧条提毫。把半干茶坯握于手掌，两手向不同方向旋转揉搓，叶子成条产生白毫为止。手势和力度要讲究。

（7）过筛选拣。把晾干后的茶叶放于竹筛中筛出碎末，进行选拣，去掉不合格的茶叶，再分袋包装。

（8）制茶要分清时间，拉开档次。清明前后上等的就是“秦巴雾毫”；下来是“秦巴毛尖”；最后就是大宗炒青茶。档次不一样，价格区别大，茶农就能挣钱。不像过去嫩芽粗叶一把抓，大宗货不值钱。

李天和又说：“师傅领进门，修行在个人。”凡是认真用心的人，经过老蔡教导，自己在手工制作中，不断地总结，多长记性，制作出的茶叶确实与过去大叶茶不一样，茶条紧结，叶上显毫，有板栗香味，口劲大还耐冲泡。原来名字叫“七里芳”，老蔡把安徽农大教授陈椽请来鉴定后才叫“秦巴雾毫”，省县都来开现场会，一炮打响，名气出去，茶价也上去了，60元一斤，当时就不得了，一斤茶能顶县长一个月工资。

李天和说因为跟蔡如桂学了手工制茶的本事，成了茶把式，也叫茶匠。他知道怎么制出的茶地道，能卖出价钱。他才有胆量承包茶厂，为附近茶农加工，提高茶叶品质，一斤茶从两三元到几十元，现在名茶上千元了。但

高山云雾茶　石宝琇/摄

他老了，干不动了。看着全镇有十几家茶厂，一家比一家干得好，心里也高兴。不过，李天和也有遗憾，那就是没有申报手工制茶的非遗传承。他说当年老蔡教的手工制茶就应该申报和保护。老蔡退休多年了，他也老了，县上镇上应把手工制茶的非遗传承保护下来，不然现在都用机械，再过些年手工制作就没人会了！

二

这个村落叫水田坝，是大巴山里少有的好去处，山峦四下退去，闪出一大片盆地，足有上千亩。生长着绿莹莹的茶树，成排成行，起伏有致，占尽地利。我们到时，恰逢采茶时节，穿红着绿的女子提筐携篮点缀其中，很有“采茶调急穿林女”的古诗意境。这片被誉最美茶园的主人叫何玉贵，在两天的采访中，他全程陪伴我们。他的茶厂就在这片茶园旁边，他带我们参观，茶厂占地三亩，厂办合一，十分气派。一层车间里是刚采摘的新鲜茶叶，正进行晾晒，再按程序炒、揉、渥堆、紧条提毫、分拣和包装。他的“仙毫”“毛尖”“炒青”等都按不同品种小袋包封、盒装袋提，十分精美。其“裕禾”牌商标已获省级著名商标。三楼还有间大厅，是茶叶民俗馆，摆着传统采茶、制茶、销售茶的竹篮、竹筐、竹筛、背篓、炒锅、揉茶的木板、石板，还有农耕犁铧等，展示出主人茶业之外的人文情怀。站在三楼阳台，整个茶园尽收眼底，四周山峦起伏有致，碧绿的茶园嫩芽绽放，人影晃动，生机勃勃。这天，何玉贵还召回毕业于陕西科技大学，在县农技站工作，如今为扶贫村第一书记的儿子为我们开车。漂亮的儿媳与著名女诗人舒婷同名，学医，在县医院工作，养了两个虎头虎脑的男孩，正蹒跚学步，母子三人在院落活动，彰显着何玉贵的家庭如同他的茶园一样兴旺。

何玉贵成功绝非偶然，是几十年努力的结果。他 1964 年出生，父母都是寻常老实的普通农民。何玉贵上过初中，回乡务农就赶上改革开放，不再像父母那样一年到头抡着镢头学大寨，还缺吃少穿，连养鸡都当“资本主义”的尾巴来批。他跟着蔡如桂学制茶，人年轻脑瓜灵活，掌握了制茶技术。可惜自己家没有茶园，只能在流通环节谋出路。从茶农手中收购新鲜茶叶，起早摸黑，翻山越岭赶到西乡五里坝，或是翻越星子山到镇巴县城出售，百十里山路，一天打来回，两头不见亮，挨饿淋雨是家常便饭。虽然苦累，却把茶叶的市场行情、批零差价、需求流通的信息掌握得清楚明白，为日后创业打下了基础。

机遇在 2000 年来临，镇巴把茶作为主导产业，水田坝原来的土地可以通过流转创建茶园。何玉贵以 30 年租赁期建起镇巴县首批无性系良种茶园。从那时开始，每天清晨一起床，他首先想的准是茶园。他对茶园边边角角都了如指掌，茶园虽是无性系良种，但任何地方都有差异，比如他租赁的这片土地早先是水田，相对平整，但毕竟是山区，巴山夜雨亘古出名，有时年降雨量最高可达 1800 毫米。古语：“坡地不修沟，好比贼来偷。”若不修好排洪沟渠，一场暴雨便把茶树冲得七零八落。所以必须在茶园四周修筑排洪沟，预防暴雨洪水对茶园的危害；再是修筑环绕山峦的茶园，把凡能利用的地坎边角补栽茶树，充分利用空地和日照，提高产茶率。

经过多年努力，如今茶园四周层层茶树环绕山坡，排洪水沟蜿蜒畅通。每年春分一过，何玉贵就会天天观察茶芽状态，确定开采时间，采摘中要告诉所有进园人员，必须用竹筐竹篮，绝不能用塑料袋。新芽要及时采，又要合理留下供第二次采的叶片。不同品类对鲜叶要求也不同，明前仙毫采摘一芽一叶初展；毛尖茶为一芽一二叶，大宗炒青则以采摘二三叶为宜。但不管采摘哪种，都不能掐摘，掐会留伤痕，必须用提采，即手捏嫩叶向上用力，茶芽才完整形美。鲜叶收回要及时晾晒、烘炒、发汗、紧条……哎呀，要操心的事太多了。但何玉贵说：再苦再累也值得，自己的茶园自己不操心咋行。再说茶园几乎带动全村就业，尤其是妇女，拖儿带孙，无法远行，就近采茶，挣钱致富，所以他给茶园取名裕禾。“裕”是富裕，“禾”指庄稼人，大家都富裕才好。自己也算为家乡做了点贡献。

星子山北麓，兴隆镇内的山村　石宝琇/摄

秦巴雾毫　石宝琇/摄

何玉贵还有个愿望，就是写一部《兴隆茶园史》，他到处搜集传统茶具，找方志与知情人了解情况。还在 2014 年利用茶厂三楼建起民俗茶博馆，让年轻人把手工制茶传统继承下来，为申报手工制茶非遗做准备。

他取出一厚叠打印的手稿，我翻阅内容，有关于兴隆茶业在历史上各种记载，有茶马互市时茶行茶帮货栈名称，有当年手工制茶的各类照片，还有茶山茶歌与民俗民情，洋洋大观，很像回事。我问他何时完稿，他说不急，正搜集材料。我说他的经历就是一部鲜活的茶业发展史，应好好写出来。

三

我压根没有想到，作为产茶大县镇巴县茶业协会会长的符再军仅上过四年小学，而且，有三年都是在上一年级。其实，他能活下来就是奇迹。1971 年，正值“文革”，符再军出生于镇巴巴庙一个祖辈务农的贫苦农家，父母均无文化，全家住在半山腰一处土墙茅屋内。他是家中第六个孩子，当时秦巴山区群众穷困程度非身临其境无法体会。符再军有三个姐姐，一天书也没读，六七岁只要能提筐就得爬坡，扯猪草、捡柴火，帮家里干活。最有文化的大哥也只上到小学五年级。全是因为穷，缺衣少穿，先得活着，交不起哪怕一块钱的学费。何况，他刚两岁，父亲又因病去世，家中没了顶梁柱，天都塌了。一家七张嘴吃饭的重担全落在母亲肩上。说到这里，符再军深叹口气，说出来不怕人笑话，当时户族亲友给母亲出主意：带两岁的符再军出嫁到洋县、城固一带平川农村或许是条活路。但坚强的母亲表示：死活都要同六个儿女在一起。当时环境艰苦，极“左”盛行，符再军回忆小时候没吃过饱饭，没穿过浑全衣服，大冬天用棕片包脚取暖，晚间钻玉米壳蔽体睡觉……

此刻，当身板结实、脸色红润、意气风发的县茶业协会会长在延绵不绝茶山顶上，一座十分气派的茶厂前讲述昔日苦难时，我们都恍若隔世。

“幸亏改革开放，我们那儿出了鲜金贤带头下矿井挖煤……”县上也号召“走出深山，学会挣钱”。说起鲜金贤，顿像“他乡遇故知”，因我任汉中市文联主席时，老鲜曾出资设“金贤文学奖”支持文联，我也曾带人去河南煤矿采访，下到几百米深的矿井看他们挖煤。其实，农民工就是在极端艰苦的环境中“血盆中捞饭”，在让人生畏的“苦、累、脏”煤矿业中挣一份温饱的权益。

其实符再军在干煤矿之前，十四五岁就随二哥翻山越岭收购鸡蛋，再扒火车到四川万源贩卖，能吃碗白米蒸饭就心满意足。他曾步行去秦岭腹

高山茶　张琼/摄

地宁陕采摘木耳，到勉县磷矿和河南金矿去修车补胎、打杂背矿，罪没少受，苦没少吃，打磨锻炼，积累经验，在 22 岁时居然以能干在家乡有了名气，打动了上过初中，家住镇街，还会裁缝手艺的漂亮姑娘郑翠英的芳心。虽然 1994 年两人成家时，老家依然土墙茅舍，却挡不住两人的创业决心，他们在镇街租房开店，刚有起色，不想 1996 年一场暴雨，洪水把小店冲得精光。于是，小两口又去山西、河南矿区，硬是靠实干赢得各方信任，最兴旺时管理过五个矿井，完成了资本积累。

“承包茶园是哪一年？”我问。

“那是 2007 年的事”。符再军说一方面感到国家重视环境，矿山资源管理规范严格了；另一方面，回到家乡，一进茶山心都醉了。从小在山里长大，对茶山茶树有种天然亲和，就动了回乡创业的念头，最早租赁的就是这片茶园。四周山岭起伏，茶树延绵，盘山公路蜿蜒而上，喷溉设施规范林立，远处白云蓝天，眼前茶绿如染。还真无愧大幅广告：中国最美茶园。

符再军说这只是他四片茶山中的一片，还不是最大的。返乡后经过十几年悉心经营，他已拥有5000亩茶园，带动两千多户农家参与，解决了不少人的生活困难。而他创出的“怡溪春”品牌已是全省著名商标，在省城市区都设有专卖店。

我问作为产茶大县茶业协会会长，对全县茶业发展有何考虑，他说早在2007年，镇巴县委、县政府就将茶产业确定为本县主导产业。他也是在这个大背景下回乡创业，这些年凭亲身经历和体会，各级政府都把茶业与脱贫这件大事放在一块抓，政策到位，办法落实，事情就好办。目前全县茶园面积达14万多亩、茶叶产量4800余吨，产值近6亿元，成为全县脱贫攻坚的主要产业。目前已获得“中国名茶之乡”“全国十大魅力茶乡”“全国重点产茶县”等金牌荣誉。作为县茶业协会会长，他深为家乡自豪，但却不能满足止步，而是要积极配合政府，不但让茶产业在全县脱贫攻坚中发挥作用，还要成为旅游业的一张名片。让更多的人来镇巴、上茶山，都喝上一杯绿色环保、香味浓郁的镇巴茶，这个会长才没白当。

四

开始，肖明华并不知道兴隆镇的茶农背地里都叫他“茶叶书记”。知道后，觉得也没有什么不好。茶叶是兴隆最古老的产业，楮河上清道光年间所修石桥便是有力见证。在漫长的岁月中，这片归入“紫阳茶区”的乡土便以产茶出名，从楮河石桥走过的驮茶马帮走向关陇西域乃至欧亚，辉煌载入方志典籍。茶业成为拥有11个自然村庄，方圆200多平方公里，近20000人口的兴隆镇的支柱产业，在脱贫攻坚中发挥着重要作用。

但实际上，兴隆镇，镇巴县，乃至整个秦巴山区都由于山大沟深、交通不便、观念滞后等历史原因，被国家定为深度贫困地区。以兴隆镇为例，仅一座与县城隔断的星子山，一年就有三个月冰雪封山，早年群众日常用品全靠人背马驮，“背二哥”唱出的悠长山歌犹在耳畔。所以，靠什么打翻

秦巴雾毫　石宝琇/摄

身仗？怎么样才能在2020年内甩掉贫困帽子，不拖全县乃至国家后腿？作为兴隆镇党委书记的肖明华心中的压力可想而知。

肖明华是2010年由公安战线调任兴隆镇当镇长的，他的经历在中国基层干部中十分典型，摸爬滚打，靠实干、靠业绩，来不得半点马虎。肖明华是镇巴渔渡人，1975年出生，1995年大学专科毕业后分配在县公安系统，先后在与紫阳交界的碾子镇以及和四川相邻的矿区派出所工作，都是民风强悍，纠葛常起的难缠地方，蹲守、追捕乃至与歹徒搏斗是家常便饭，为维护一方治安，肖明华付出十几年青春与汗水，从干警、派出所所长，直到县交警大队教导员，正科级别。2010年在全县充实乡镇干部的大背景下，出任全县第二大镇镇长。

肖明华来兴隆已整整10年，刚来时的情景历历在目，兴隆缺少支柱产业，集镇建设滞后，商贸不成规模，仅冬天星子山冰雪就与县城隔断三个月，干部难以稳定，扶贫任务艰巨……真正举步维艰，犯愁啊！几乎每个夜晚，肖明华都悄然独步镇街，思考发展举措。

在刚来任职的半年中，肖明华跑遍十几个村落，吃透全镇情况，心中渐有蓝图：首先明确产业布局，以茶叶为振兴主业，以集市繁荣商贸，以干事凝聚人心。这些贴近实际的目标获得干群拥护，也与党中央振兴农业、加大扶贫力度，“追赶超越”的时代精神一致，第一步抓住陕南移民搬迁建设发展机遇，长达600米的集镇商贸街区建成；随后紧抓市级重点镇机遇，将集镇规模扩大到1.5平方公里，建成了功能齐全、风格独特的名镇。按照沿河沿路沿集镇、联片集中、规模发展的思路，以集镇周边为中心的茶产业园区、以茅坪为中心的特色种植园区、以大河片区为中心的中药材园区和以青狮为中心的特色养殖园区均进展顺利，茶园面积达16000余亩，怡溪春茶园被评为全国最美茶园，上规模茶企5家，茶叶年产值5000万元。怡溪春、巴山君子、定元春、裕禾等茶叶品牌荣获省级著名商标。陕西省人民政府前省长刘国中曾说：“陕西最美是汉中茶，汉中茶数镇巴。”

采访当晚，肖明华带我们沿楮河岸边新修的临水步道，参观鳞次栉比入住率达百分之百的移民新区，跳广场舞的妇女络绎不绝，图书茶店与民俗博物馆灯光明亮，让人切实感到以“美丽茶乡、水韵兴隆”为定位的乡村旅游业态正在形成。

当我问到今年要完成的压力最大的脱贫任务时，肖明华长出了口气说：截至目前全镇按程序最早退出贫困户1340户、3282人，至此10个贫困村全部出列。

转瞬之间，肖明华到兴隆已经十年，在他和兴隆镇党委一班人手中，通过土地流转、劳务用工、入股分红、联建联营等各种方式，终于实现全镇以茶叶产业为主的振兴，并按国家要求标准完成全镇十个村全部脱贫退出，应该说这在改变千百年来兴隆镇的面貌上，历史性地走出了坚实的一步，也写下浓墨重彩的一笔。

第八章

茶的另一种生命

——记汉中绿茶手工制作技艺传承人盛发明

许多工匠都有着独特的禀赋与特点，心无旁骛，只有他从事的行业。对盛发明来说茶就是他的全部世界，用祖辈传承下来的手艺制作好茶就是他的全部追求。大千世界，不管有多少行业，但工匠精神要求的单纯、执着、一丝不苟却是一致的。

汉中绿茶手工制作技艺传承人盛发明　程江莉/摄

采访时间：2019 年 4 月 13 日

地址：汉中市西乡县堰口镇元坝茶厂

被采访者：汉中绿茶手工制作技艺传承人盛发明

2013 年 9 月，陕西省非物质文化遗产第四批名录公布，汉中绿茶手工制作技艺赫然在目。获得此项荣誉的传承人为汉中市西乡县堰口镇元坝茶厂厂长盛发明，1944 年出生，采用传统技艺手工制茶超过半个世纪，时年 69 岁。西乡茶叶生产历史悠久，据史料记载和出土文物考证，始于先秦，盛于唐宋，延于明清，今日更盛。另据中国最早方志《华阳国志》记载，古

西乡县元坝茶山　张锋/摄

西乡县元坝茶厂茶山　张锋/摄

巴国献茶周武王，其茶“形似月亮，紧压成团，名曰西乡月团”，距今已有3000多年的历史。西乡所辖地域历代虽有变化，但核心仍是今天的西乡。不管是远古“西乡月团”、近世“陕青”，还是西乡首个名茶“午子仙毫”，都是用汉中西乡境内高山云雾茶叶为原料，在传统手工技艺的基础上，把黄山毛峰与西湖龙井的炒制技术相结合研制出的半烘半炒型绿茶。按照这一独特的制作技艺，相继在西乡的五里坝、罗镇、司上、沙后等茶厂进行生产。其中元坝生态茶厂的家庭作坊传承脉络最为清晰。下列图表即可展示：

代别	姓名	性别	生卒年月	文化程度	传承方式	从艺时间	居住地址
第一代	盛成祥	男	1870年—1945年	初识字	祖传	1890年	西乡县五里坝
第二代	盛长文	男	1894年6月—1974年	初识字	父传	1918年	西乡县五里坝
第三代	盛发明	男	1945年5月	初中文化	父传	1931年	西乡县五里坝
第四代	盛兴艳	女	1975年4月	大专文化	父传	2003年	西乡县城

当前，陕西省非物质文化遗产名录——汉中绿茶手工制作技艺代表性传承人为盛发明。他是拥有七个产茶县的汉中茶区唯一获此殊荣的茶人，也是我承诺撰写《原创文明中的陕西民间世界》丛书“茶叶卷”所必须采写的茶人。

但采访却不顺利，主要是难以确定时间，也难找人。茶人都是忙人，真正一波三折。我认识汉中多位茶人，比如西乡段成鹏，现为陕西鹏翔茶业有限公司董事长，产茶大县西乡茶叶协会会长，还是省人大代表。我就是通过他寻找汉中绿茶手工制作技艺传承人盛发明的。他表明要与我同去，但盛发明住在西乡道教名山午子山后沟的元坝茶乡，联系不便。首先要找到盛发明的儿子盛兴华，他是西乡县税务局税政科科长，一口答应带我去见他父亲。我那段时间却有事；待我这边有时间了，段成鹏又开省人大会于先，去北京参加推介汉中绿茶活动于后，事情耽误下来。

直到2019年4月13日，采访盛发明终于成行。前一天看阴云满布还担心下雨，早上一看云散天开，心绪陡然开阔，一行三人自驾车辆前往西乡。汉中实际是由汉中与西乡两块盆地组成，西乡系汉水之南，由巴山闪开的一片盆地，由汉水脉流牧马河积淀造就。牧马河畔李家村出土了全国唯一的史前骨质人像，距今已6000年，方寸大小，如同珍宝；另有三足钵、绳纹罐、黑红两色蛋壳陶器，较中原仰韶文化为早，但又足以同仰韶文化器物媲美，显示了西乡牧马河流域是中华民族最早的发祥地之一。我们的祖先在万余年前已在汉水与牧马河边渔猎桑植，被认定为“李家村文化”。

西乡山明水秀，沃野铺翠，最富陕南情致。三国时，这里是“西乡侯”张飞封地。城南午子山侧，临河石崖刻有“飞凤山”，字大如斗，粗犷豪迈，据说是张飞用丈八蛇矛所刻。曾任北大党委书记、兰州大学校长的一代学者江隆基故居也在西乡。再是我国著名西夏学专家李范文，印地语大家刘国楠也均为西乡人。更传奇的是李范文与刘国楠竟然同校、同级、同桌。文韬武略，均使古城生辉。平日，若从汉中张望，这缀于天边起伏的山脊，仅是一抹黛苍，给人一种诱惑和想象，总觉得那里藏匿着别样的世界。

近年，去西乡赏樱花、看茶园已成时尚。乘坐汽车，从汉中市出发，伴着汉水，若上高速公路仅一个多小时，便可达西乡县城。我们特地避开高速公路仍走316国道，目的是就近观察沿途风光。回想我与西乡的最早交集可追溯至1970年秋，当年采取“人海战术”修筑从阳平关至安康的阳安铁路，每个生产队都要派20多人参与。我那时正在务农，20多岁，算精壮劳力。记得是与其他5个农民，6人用两辆人力架子车拉着工具、行李、粮食，100多公里路，走了三天才到西乡枣园工地。一路所见都是拉架子车去修铁路的农民工，晚上就住路边农户家，修了半年铁路才回家。如今只用一个多小时，天边的黛苍便突然紧逼眼前，进入汉水上游最大支流牧马河流域。这一带山不高而逶迤，水不深则长流，遍生松柏、毛竹，与延绵不断的茶园、梯田，与闪亮的溪水，斑斓的丛林，伴着车行景移，构成一幅流动的浓绿滴翠的写意画卷。

西乡较汉中纬度偏南，气候温暖，雨量充沛，小麦水稻兼有，且早熟汉中旬日。各类谷物、薯类、豆类皆备，鸡、鹅、鸭、鱼都产，生猪存栏丰富，腊肉历来出名。蔬菜、水果更是种类繁多。汉中四塞险要，山川阻隔，西乡更甚。在漫长的岁月中，西乡人大多无法外出谋求富贵，彻悟之后，索性“挣钱不挣钱，混个肚儿圆，富贵不富贵，哪如天天醉”，在饮食文化上下足功夫，用够脑筋。牛肉干、松花蛋、腊肉、烧酒固然为传统食品，近年来，赏樱花、茶园观光的人数日众，农家乐饭店四处开花，利用野菜、土鸡、鲜鱼、干果巧做搭配，花样翻新，吸引八方游客，既品佳茗，也赏山水，说不定也能创造出一种属于今日的什么文化。

上午10时到达西乡县城，段成鹏已在他的陕西鹏翔茶业有限公司等候，他是忙人，转瞬又几年不见，听说又在西乡工业园建了片新厂区。他说先不忙去看，还是先去盛发明家，他儿子盛兴华昨天下午已回老家准备了。我们一行三人加段成鹏正好坐满一车，盛发明的茶园在午子山后沟里。午子山为陕南名山，其山势险峻，林密清幽，二水环流，奇峰独立，保存着原始生态的世界珍稀纯白皮松2500余亩，高大的树干呈现银白色，在日光下熠熠生辉。午子山有上、中、下三处道观，为陕南道教中心。道教重要人物张道陵、张鲁等曾来此讲经传教。现存多处摩崖石刻、明清碑碣及造像。有“午子朝霞”“龙洞飞泉”等多处佳景，自然景观和人文景观交相辉映。午子山在汉中乃至全省都有名气，所以西乡名茶便以“午子仙毫”命名。

我们顺利地在午子山后沟堰口镇元坝村茶厂里找到盛发明，他今年已75岁，身材高大，身板挺直，脸色红润，看着很精神，一点不像年过古稀的老人。周六，在县城上班的儿子盛兴华和爱人都回了家。采茶季节，雇用的采茶女工不时来交茶叶，人来人往十分热闹。采访就在茶厂进行。盛发明是西乡高川五里坝人，祖辈务农，没人读书，也读不起书。但高川五里坝是传统茶区，山高、水长、多云雾、富含硒、无污染、温差适度，这都是生产优质茶叶不可或缺的条件。事实是五里坝茶叶颜色绿、条形好、经泡、味正、无草腥味儿、有板栗香气，素受喝茶人青睐，卖得上价，历史上高川五里坝便是西乡重要茶乡。

在这一带，有漫长的种茶制茶历史，也形成一些传统的老规矩。比如制茶讲究把式，如同乡村重视木工铁匠般看重制茶师傅，有制作一手好茶的技艺，在乡村比一般农民地位要高，收入也较高。但茶叶把式不是谁想当就能当，得讲心性，要有韧性，有悟性，要诚实，做事执着认真，一丝不苟，还要经过岁月的积淀，年年制出的茶叶都一样，在四乡八里已有广泛的名声，才能成为大家公认的茶叶把式，也就是茶师傅。即便是茶叶把式，倘若哪次不上心，制出的茶叶形片难看、颜色发黄、有焦烘味，也会倒了牌子、坏了名声，下一年茶农是否还请他上门制茶，心里就会有顾虑。但盛家从未出过此类倒灶事儿。盛发明的爷爷和父亲都是高川五里坝的制茶高手，公认的制茶好把式。到盛发明已是第三代茶师傅，比爷爷和父亲强的是他进过学校读过书，尽管只是小学毕业，但在 1959 年就不简单，全村 100 多户，500 多人中也没几个高小毕业生。他当过四个生产队组成的大队会计，村革委会副主任。但他最想干的还是爷爷盛成祥、父亲盛长文几辈人传下来的制茶手艺。1970 年前后，他终于如愿以偿，成为村里茶厂厂长，也就是全村茶叶把式的头儿。尽管当时农村落后，条件艰苦，说是茶厂，其实与普通农家没有区别，土墙茅舍，十分简陋，工具无非泥灶铁锅，竹篮、竹筛、扫帚、簸箕……制茶几乎还停留在原始阶段。可盛发明一走进茶厂，看见祖父两辈人使用了一辈子的制茶工具，闻到弥漫在土墙泥灶间的青茶气息，就像见到久违的亲友，仅是这种茶厂的制茶工具和青茶气息，就让他灵魂都感到安宁，心里迟早都有种踏实的感觉。

盛氏家族的绿茶手工制作技艺能够传承三代，经历百年之久，其爷爷盛成祥、父亲盛长文两辈人自然起了举足轻重的作用。盛发明从小接触祖、父两辈采茶制茶，15 岁参加农业生产劳动，身在茶乡免不了栽种茶树，施肥锄草，管理茶园，1970 年后又成为专门制茶把式。可以说与茶结缘超过 60 年，与茶打了一辈子交道，成为一个名副其实的地道手工制作茶叶的技艺传承人。

许多工匠都有着独特的禀赋与特点，心无旁骛，只有他从事的行业。对盛发明来说茶就是他的全部世界，用祖辈传承下来的手艺制作好茶就是他的全部追求。大千世界，不管有多少行业，但工匠精神要求的单纯、执着、一丝不苟却是一致的。他们中的一些人甚至脾气都变得古怪，其实没有这种单纯的固执，没有潜心的钻研，也就没有工匠。探访丝路时，我曾在南疆喀什逗留一个多月，除了考察古迹，拜访学人，还因被喀什的工匠所吸引。在喀什老城那些狭窄悠长的街道里，店铺林立，商号云集，一家挨着一家，密密麻麻的货铺其实也是一家家作坊，千行百业形形色色的手艺工匠就聚集在这方天地之中，编织着世代相袭的故事：木器制作、铜壶雕刻、毛毯编织、金银打制，加之制皂、制蜡、制毡、制帽、各种鞋靴皮货、大小刀铲瓢勺，古老的锤斧加现代的电焊，锯声吱吱，电光闪闪。柜台后是清一色的作坊，老板同时又是手艺高超的工匠，熟练专注，在清脆的敲击声、沙沙的打磨声中，一件件精美绝伦的物品生产出来，我甚至认为在全国也找不出像喀什老城那样有如此众多的传统工艺门类，有如此众多的优秀工匠的地方。所谓“人习技巧，攻金镂玉，色色皆精”，我几乎天天徜徉其间，为工匠们精绝的手艺吸引，并认为这才真正是千载丝路传承精神的结晶。

我还发现工匠们首先是要把自己的事情做好，天塌下来有高个顶着，这并不表明他们不爱国，不关心公众事情。他们有自己的关注方法，古往今来的经验证明，普通老百姓对国事家事过分关注，只会把事情弄糟。这也几乎是所有的工匠不成法则的选择。其实这点也适用任何业务性质的行业，潜心钻研是企图在任何领域取得建树的唯一途径。盛发明对制作茶叶的关键环节炒茶，仅是把握火候便有说不尽的经验，用大火还是小火，用急火还是慢火，取决于多种因素：茶是明（清明）前还是明后，老叶还是嫩芽？嫩芽又分一旗一枪（指一叶芽）还是一旗两枪，还要分坡底，山腰还是山顶的茶园，名堂多了。盛发明文化不高，没有记笔记的习惯，再是也没有温度计标明需要的准确温度，一切都全靠经验，全靠手感，全靠鼻子闻茶叶喷出的味儿和喷出的水汽来把握，一双眼睛更是一丝不苟地盯着炒锅，稍

一旗一枪　张锋/摄

一大意，一锅上好的茶便会报销。茶叶好坏事关全村人的利益，尤其“学大寨”那些年月，村村寨寨都牛马瘦、鸡狗绝，家家户户都指靠炒点好茶卖出去，解决孩子学费、日常零用，好不容易盼着一年一度炒制新茶，若是“大意失荆州”，把新茶炒坏，你担得起满足全村老少期待的这个责任吗？稍加细想，真不是敢马虎的事情。

所以，盛发明从走进茶厂的那一天起，就把心扎在了茶厂，真正以茶厂为家。尤其采茶时节，吃住都在茶厂，成月都不回家一趟。功夫不负有心人，盛发明从 1970 年成为主持茶厂工艺的手工制茶师傅开始，制定规章制度，奖勤罚懒，他自己率先垂范，吃苦耐劳，早先人心不齐、连年亏损的茶厂在盛发明的努力和带领下，人鼓劲头，茶上等级，扭转亏损，日见好转，成为五里坝一带最有名气的茶厂。改革开放后，尤其西乡把发展茶业、扩展茶园、提高茶叶品质定为全县发展经济的支柱产业后，西乡首支名茶便是在五里坝试制成功,盛发明也成为产茶大县西乡数得着的制茶把式。

2004 年, 听说西乡县堰口镇分水岭村的一片 98 亩多的生态茶园要招标承包，一生都与茶结缘的盛发明坐不住了，拥有一片属于自己的茶园，几乎是所有茶人的共同愿望。盛发明全家倾其所有把茶园承包收购下来，也就是在 30 年承包期内茶园属于他个人。自古有恒产才有恒心，盛发明连灵魂都仿佛有了归属。每天清晨，眼睛一睁，第一件想的准是茶园里的事。他对茶园各个环节事无巨细了如指掌，茶园承包后首先要做的便是如何改造低产茶园为高产茶园。那些日子天一亮，盛发明洗把脸就往山上跑，仔细察看茶园现状，了解缺陷与不足，找出茶园低产的客观与主观原因，可改或不能改的地方，反复思量，再对症下药，拿出一个对这片低产茶园改造的“三改一补”方案。

第一是园改。茶叶能否高产，茶园是根本是关键。西乡大部分茶园都分布在海拔超过千米、倾斜度在 25°以上的山坡上。古语：“坡地不修沟，好比贼来偷。”夏秋季节正是庄稼夏管以及收获时节，但夏秋多暴雨，若不

西乡县元坝茶山制作的毛尖　张锋/摄

修好排洪沟渠，一场暴雨便把庄稼冲得七零八落，一塌糊涂。茶园亦然，所以必须在茶园四周修筑排洪沟，就能解除暴雨洪水的危害；再是修筑梯层，加固梯壁，内低外高，形成梯埂，一能起到拦蓄雨水作用，二可使土层松软保墒，三是逐步把茶园作梯层梯埂绕山修建，形成层层梯田环绕山峦的茶园。

第二是树改。茶树是多年生植物，由于扎根深浅与坡地方位阴阳不同，会因高低不齐而显杂乱，影响光照，必须根据茶树不同的衰老程度采取修剪，选优淘劣，剪去原树高的三分之二左右老枝，让所有的茶树保持在0.80—1米；行距保持在40—60厘米；对需要更新的茶树采取台割，即在离茶树根茎处或地面3—5厘米处，用利刀斜砍或割剪斜剪的办法，促其再发新枝。

第三是土改。采取深翻改变土壤含墒厚度，增施农家有机肥料，改变土壤结构，以利于茶树根茎的深扎和吸收养料。

一补是补栽茶树，把凡能利用的坎边地角全补栽上茶树，充分利用空地，提高茶园产茶率。

经过几年努力，整片茶园一改良莠不齐、高低不一的芜杂，层层茶树环绕山坡，排洪水沟蜿蜒畅通，新补的茶树萌发绿叶，整片茶园生机勃发，面貌一新。在把茶园改造得有模有样、上了档次后，盛发明又把心思集中在提高茶叶制作技能上面，制定标准，规范方式，真正按照手工制茶的模式培养茶厂骨干。盛发明根据多年积累的经验，把茶叶从采摘到制作的过程分为三种采法、九道工序。

每年春分一过，盛发明就会天天上山观察茶芽萌生状态，确定茶园开采时间，当新发嫩芽已有10%~20%芽梢达到采摘标准时，即可开采。同时要根据不同的树龄、树势制定相应的留养标准。在普通人眼中茶姑提筐采茶，蓝天白云，多富诗意。其实学问大了，采摘中必须处理好采与养的关系，新芽与老叶的区别，还要做到及时采、分批次、合理留下供第二次采的叶片。根据所加工的茶类和品类对鲜叶要求也有不同标准，明前采摘一芽一叶初展、采摘单芽；采制针型茶如毛峰、毛尖茶为一芽一二叶，大宗炒青则以采摘小开面至中开面二三叶为宜。但不管采摘哪种茶叶，都不能去掐摘或折断，尤其是明前嫩叶，会留伤痕，制出的茶泛黑影响观感，必须采取提采法，即手捏紧嫩叶向上用力，使之与茶树分离，用劲大小全靠在实践中摸索把握。这样采的茶芽才形美完整，又利于后期加工制作。

盛发明对炒茶工艺的把握堪称经验丰富，沉稳老道，炉火纯青，他把加工工序整理为杀青、理条、扬簸、摊晾、做形、提毫、烘干、风选、储藏等九道工序。每道工序都有严格的标准和讲究，但又会依据茶叶的具体情况临时调整，不囿陈规，灵活处置。每年炒茶时节，对盛发明来讲既有逢年过节时的企盼与喜悦，又不乏如临战场般的谨慎与小心，他总是亲手炒出第一锅茶，把握好用火大小、用手轻重、摊晾时间……一切都心中有数后，再指导手下技术骨干掌握要领。鉴于当天采摘鲜叶不能隔夜，必须连夜加工杀青制作，那些日子，坐落在大巴山麓午子山后的盛发明家的茶厂，总是会在夜晚升起缕缕炊烟。炒锅不用电也不用煤气，依然采用的是千百年来炒茶必用的柴火，大片山峦在“退耕还林”后，单是每年清理的枯枝老杆就烧不完。冬天闲时盛发明会带家人把青冈、板栗等耐烧熬火的枯枝运回院落，用斧子截为尺把长短，再捆好码整齐，以备在炒茶时用。这会儿青冈柴在传统土灶中“噼啪”燃烧，柴火烟子在青灰瓦顶上盘绕不去，燃烧的柴草味与淡淡的茶香在村巷、溪水、山峦、丛林间弥漫，那是一种沁人肺腑的清香，展现着无数茶人的劳作，也蕴蓄着无数茶人的匠心。其实，古往今来，真正的诗情画意就切实存在于普通劳动者的日常生活之中，成为记忆终生的乡愁。而那些刻意寻觅、追求、标榜的诗情常是徒劳，转瞬即逝，连自己都忘得一干二净。

盛发明不仅对炒茶制茶专注执着，而且对事关茶叶的所有事情都十分用心。采茶时节，茶厂会像过节般热闹，我去的这天是周六，盛发明在西乡县城工作的儿子、任税务局税政科科长的盛兴华与妻子早早回来帮忙。因为要为所有前来采茶的临时工供应午餐，我特地去看，午餐只有馒头和蔬菜稀饭，简单却实惠。馒头很大，一个足有半斤，蔬菜直接加盐煮进稀饭，不用再备小菜。采茶的临时工全是附近村里农民，女人居多。采茶以数量计酬，采每斤鲜叶 40 元，而明前每斤鲜叶差不多要 2.8 万至 3 万个芽头，采茶看似轻松，实际十分辛苦。茶工们清早上茶山，中午 12 时到山下茶厂过秤交茶，然后免费午餐。谁来谁吃，互相不等。每人两个馒头、一大碗蔬菜稀饭。盛发明说上山出力，要让人吃饱。女人们吃过饭又上山采茶，下午再来过秤交茶，手快的妇女一天能采三四斤鲜叶，差不多要采 10 万个芽头，能挣 100 多块钱。对采摘女工也要进行辅导，教给她们新的采茶技术，大多数人都受教，也有个别人不用心。比如有个妇女图省事不带竹筐采茶，

西乡县元坝茶山采收夏茶　张锋/摄

用塑料袋装茶，不透气，几个小时茶就会捂坏。有次发生这样的事，盛发明特地把所有采摘女工都叫来，照样给用塑料袋装茶的女工过秤计酬，然后当着大家的面，把茶叶倒进河水冲走，宁可不要，也不能让捂坏的鲜叶在茶形、茶味上影响茶叶质量。此后，这类事再未发生。

我提出上茶山去看，盛发明带着我去，迎面遇到一位采茶妇女下山交茶，我拦着询问，她叫蒲仁秀，69岁，元坝村人，有两个孩子，一儿一女，也都成家，都住进县城，蒲仁秀与老伴还守住老房，日子一般，一年采茶能收入3000元。又遇到位采茶妇女叫李翠云，55岁，上过初中，也是一儿一女，都成家另过，老两口守在农村种着承包的土地，吃穿不愁，采茶能挣几千元零用。盛发明说现在农村大都是老人和孩子，年轻的甚至50岁以下的都在外打工。农村人干了一辈子，闲不住，再说农村还没有完善养老制度，没钱心里发虚，所以都要外出打工挣钱，直到干不动了才回村。采茶能来的也都50岁以上，干活图近便，也挣个零用钱。盛发明的茶园在西乡来说位置不算很好，不像江滂、枣园、鹏翔……那些茶园多在牧马河畔，茶园逶迤延绵，充满诗情画意，成为旅游观光胜地，动辄来一大溜红男绿女参观，装模作样采茶，完了手机拍照微信转发，忙得不亦乐乎。盛发明茶园在午子山后沟，海拔超过1200米，坡度也显陡峭，地处偏僻，显然不适合旅游观光。但海拔高、无污染、云雾概率高、昼夜温差大又是制作名茶不可或缺亦无法复制的条件。其实这正是盛发明当年倾其所有收购这片茶园的真正原因。

盛发明不大关心茶园以外的事情，他只是一心扑在自家的茶园上，早上起来第一件事便是泡茶。手工制茶往往注入情感，一锅一杯之间都会有不同，普通的一杯茶，在盛发明眼中却是那样的鲜活，在冲泡的过程中，看着那些芽叶肥壮，形似兰花，朵形微扁的茶叶在水中浮上沉下，他能轻易分辨茶是明前还是明后，老叶还是嫩芽，还能分出是坡底、山腰还是山顶出的茶叶。他亲手炒制的茶叶泡在茶杯中往往淡绿显毫，栗香持久，滋味鲜醇回甜，汤色黄绿清澈，叶底嫩绿成朵。欣慰之余，他还是要对刚炒制

西乡县元坝茶山采收的夏茶　张锋/摄

出来的新茶细细品味，知道口劲，更多是了解炒制批次之间的区别，看有无需要改进的地方……

然后，他便要去茶山转上一圈，对茶山、茶园、茶树、茶叶、茶水，他永远都充满情感。只是，盛发明已年过古稀，早在 2013 年 9 月，在陕西省公布的第四批非物质文化遗产保护名录中，他就被认定为汉中绿茶手工制作技艺传承人。2017 年 4 月，他的这片茶园又被陕西省文化厅授予“汉中绿茶手工制作技艺”陕西省非物质文化遗产生产性保护示范单位，这就等于公布于众。如何把已经三代、已历百年的绿茶手工制作技艺传承下去，也是盛发明面对的无法推却的历史使命。

从内心讲，他非常乐意儿女们都能继承盛家的制茶技艺，事实是他平时就言传身教，三个儿女也不负所望。大儿子盛兴华 50 岁，西乡税务局税政科科长，系公务员，无法全身心投入茶园，但长女盛兴艳却不负期待。仿佛上天眷顾，预兆茶业兴旺，1975 年 4 月，正是采摘明前茶的黄金时间，盛发明的长女盛兴艳出生。不久便迎来改革开放，农村实行土地承包，多年被束缚在集体圈里的农民终于可以放开手脚大干了。盛兴艳这个在茶山长大的姑娘，天生对茶业茶叶有兴趣，从小就喜欢爬山采茶，耳闻目睹父亲制茶、采茶、品茶。长大后，对茶业的好奇、兴趣逐渐变为一种创业的雄心，从 2003 年开始跟父亲学习制茶技术，从制茶的学习中学会了认茶、品茶、鉴定茶。多年随父学习，盛兴艳早已对事关茶园、茶业、茶叶的各个环节了如指掌，还炒得一手好茶。为了把父亲手工制作的茶叶推荐给更多的人，盛兴艳走出茶山，2006 年在西乡县城开了茶叶店专做销售，向更多群众推广汉中绿茶，推广父亲的手工制茶技艺，常带客人到父亲的茶厂参观手工制茶，传承着这门手艺。作为盛家第四代传承人，她有足够的自信把汉中绿茶手工制作技艺传承下去，发扬光大。目前茶叶店发展为茶楼，展示茶艺也销售自家茶园手工茶叶，已很有名气。事实上盛兴艳已是父亲茶叶事业最可靠的接班人，被认定为盛家绿茶手工制作技艺的第四代传人。

除了儿女，盛发明还长期致力于汉中绿茶手工制作技艺的传承和推广。凭借这个优势和自己 60 多个年头的制茶经验，在茶厂设有专门的手工制茶车间，有古法制茶所需用的柴火炒锅灶台及相关用具，每年至少开展两次手工制茶技艺的演示、宣传、培训和推广等传承活动，通过带徒弟的方式每年培训五名以上熟练手工制茶工人，有效地传承了这一传统手工技艺。近年来，他又努力打开手工绿茶的销售渠道，通过长期向当地和外地客商演示、介绍手工绿茶的制作过程，使更多的人了解传统手工制茶技艺，很好地传承和保护了这一传统手工技艺。

目前，西乡县 15 个镇 2 个街道办事处全部产茶，种茶农户达 7 万余户。茶园总面积达 34.6 万亩，实现茶叶产量 1.52 万吨，累计发展茶叶企业 307 户，其中省级茶叶龙头企业 5 户、市级茶叶龙头企业 12 户，获得国家级驰名商标 1 个、陕西省著名商标 15 个、汉中市著名商标 7 个、陕西省名牌产品 9 个，建成清洁化生产线 59 条，清洁化生产实现产茶大镇全覆盖。先后获得多个荣誉称号，如中国著名茶乡、中国经济林之乡（茶叶）、中国茶产业发展政府贡献奖、国家现代茶产业技术体系示范县、全国采茶芬芳地——最佳采茶旅游目的地、中国名茶之乡、中国茶文化之乡、中华文化名茶、全国茶叶标准示范县、中国绿色生态茶叶十强县、全国重点产茶县等。西乡已成为实至名归的茶叶之乡。

第九章

罐罐茶蕴羌族遗风

——访罐罐茶制作技艺传承人张慧芳

当地流传着这样一首民谣:“乡土风味罐罐茶，略阳城乡不离它；清早起来挂顶锅，柴棒树根火架大；水倒半罐放茶叶，面拌调和清油下；茴香、藿香、生姜加，边煮边调油盐茶；一人一碗放调料，腊肉、核桃、鸡蛋花；火烤干馍香又脆，肚饱心暖精神佳。”

汉中市略阳县羌英罐罐茶店,为客人准备早点罐罐茶　褚亚玲/摄

采访时间：2019 年 3 月 26 日

地址：汉中市略阳县羌英罐罐茶店。此店 2012 年 12 月被认定为“省级非物质文化遗产略阳罐罐茶传习场所”

被采访者：略阳羌英罐罐茶“陕西非物质文化遗产传承人”张慧芳

罐罐茶是陕西汉中市略阳县流传的一种传统风味小吃，利用当地原料，讲究一定做法、形成独特风味，有水泡茶、油炒茶、面罐茶等种类，后者最具特色。人们用小罐盛水，放入茶叶，置火上熬煮，边煮边放入面糊，再加上清油，调以茴香、藿香、生姜、食盐、核桃、肉丁、鸡蛋花等调味品及佐料，清早或有客人来时，人们就煮茶以当早点而食用，提神暖胃，爽

汉中市略阳县羌英罐罐茶店　上官瑛/摄

口宜人，常被用来款待亲友贵客。2013 年，略阳罐罐茶传统手工技艺入选陕西省第四批非物质文化遗产名录，在略阳县城经营罐罐茶的张慧芳凭借多种无可取代的优势，成为此项技艺的传承人。张慧芳在老家祖宅里保留着一套最传统的罐罐茶制作工具，同时她在县城开了一家名叫“羌英罐罐茶”的早点铺，还在 2016 年 6 月成立陕西羌英食品有限公司，注册资金 300 万元，为羌英罐罐茶申请专利，推出罐罐茶真空包装，为顾客提供更优质的服务。羌英罐罐茶是在传统风味小吃的基础上，采用现代工艺，以“优质、绿色、健康”为本，选取天然绿色原料（不含任何添加剂），制作更加精致科学，配料更加养生，2017 年 1 月被评为“首届陕西金牌旅游小吃”。2019 年 3 月，笔者受《原创文明中的陕西民间世界》丛书主编之托，专程来此店进行采访。

一

看到此店的最初一瞬，便觉眼熟。回忆曾经光顾，且印象深刻。那是 2014 年受汉中市委、市政府委托，牵头写纪录片《汉水汉中》脚本时曾来略阳采访，负责接待的略阳水利局同志便带我们来此店吃早餐。其时已入冬，早上晨雾弥漫，有些寒凉。来到紧挨菜市场的一条小巷，仅一间门脸的罐罐茶小店，几张小桌，其貌不扬，但顾客盈门，有围桌用餐者，有站立等候者，有在店外排队者，更有吃完带几份走者，一派生意兴隆气象。我们耐心等候，方获得围坐小桌机会。少许，便有服务员端上热气腾腾的罐罐茶，黑黄色土碗，上漂一层葱花、一抹生姜，未曾入口，香已扑鼻，喝一口，顿有醍醐灌顶之感，肠胃俱热，舒适无比，连寒冷的天气也不在话下了。再仔细品味，还有核桃、肉丁、豆腐、鸡蛋、麻花等，酥脆软硬皆有，咸甜五味杂陈，爽口宜人，提神畅气，加以在火塘边烤得焦黄的核桃馍馍，酥脆诱人，真是绝配。那天早上，我们几个喝了一碗还不过瘾，又喝了一碗才解馋，也对略阳这间门脸不起眼的罐罐茶留下深刻印象。

略阳水利局同志介绍罐罐茶是略阳最具羌族特色的地方小吃。当地还流传着这样一首民谣："乡土风味罐罐茶，略阳城乡不离它；清早起来挂顶锅，柴棒树根火架大；水倒半罐放茶叶，面拌调和清油下；茴香、藿香、生姜加，边煮边调油盐茶；一人一碗放调料，腊肉、核桃、鸡蛋花；火烤干馍香又脆，肚饱心暖精神佳。"罐罐茶确实有健胃、舒活神经、提神、增热的保健作用。冬天，喝了罐罐茶一天都感觉浑身暖和。所以从略阳走出的不论男女老少，忘不了的乡愁就是罐罐茶，无论天南海北的游子回到略阳，下了火车第一件事就是去西街喝久违的罐罐茶。

那天，我们喝着独特爽口的罐罐茶，听到关于罐罐茶的传奇更加深了印象。返回汉中后，了解到市区也有几家罐罐茶店，特地去光顾，却怎么也喝不出略阳那家罐罐茶的味道。

这次专程采访罐罐茶制作技艺传承人张慧芳，正好解开罐罐茶的味道

略阳县羌英罐罐茶店罐罐茶的调料　上官瑛/摄

汉中市略阳县羌英罐罐茶店　准备罐罐茶必不可少的食材藿香
褚亚玲/摄

之谜。采访就在张慧芳的小店中进行，我们上午由汉中出发，上了从湖北十堰到甘肃天水的“十天高速”，到略阳下高速，找到羌英罐罐茶店已在上午 10 时以后，因罐罐茶是传统早餐，这会正好是空当，我们就坐在餐桌两边交谈。

张慧芳 1979 年出生，是略阳县乐素河人。凡乘坐过宝成铁路的乘客都还有记忆，当时汉中尚无火车相通，宝成铁路从汉中边缘穿过，在所属略阳、宁强阳平关有站，再乘汽车到汉中，去西安就需两天。除了特快列车只在连接偌大一片汉中的略阳县城车站停留之外，绝大部分列车还要在略阳境内的横现河、乐素河车站停几分钟。这都是嘉陵江边的河谷小站，之所以设车站，是因为有嘉陵江的一级支流横现河、乐素河汇入嘉陵江，河谷稍显开阔，能够安顿摆布下一个小车站。更重要的是这样的一级支流往往还要朝秦巴大山深处延绵几十乃至上百公里，沟联起许多村寨和乡镇。张慧芳的家乡小湾村便是其中一个，沿乐素河进去20公里左右，28户人家全部姓张，散居在河谷两岸的山腰或坡地里。再翻一座山就是甘肃康县，顺河又能进入四川广元，系三省交界的偏僻山村。我在采访时问她家乡距略阳县城多远，她明确地回答40公里。理由是她曾自驾车辆沿近年修通的乡村公路回老家为40公里；而乐素河车站距略阳县城是20公里，就知道从乐素河车站再进山沟的家乡是20公里了。从这件小事可以看出张慧芳是个头脑清楚，心中有数的女人。说话间眉宇含笑，性情爽朗，再看她个头身材适中，手脚麻利，虽雇有店员，但她仍不时为顾客双手端上一碗热气腾腾的罐罐茶，同时顺手收走上一位顾客的空碗，一转身，将顾客配茶所用的核桃馍烧饼用盘托出，再擦干净另一张桌上残留的汤水。让人由衷赞叹这是个聪慧勤快、性格爽朗的女性，无怪乎能成为罐罐茶手艺传承人。但张慧芳又是个有故事的女人，我几乎不相信她如此精明干练，却仅上到小学五年级！

这与她生存的时代和环境紧密相关，20世纪70年代末，那时的困顿现在的年轻人已无法想象，改革初期京都省府物资尚且缺乏，一切还要票证。略阳地处大山深处，那时还保持着一种近乎原始的耕作方式。每年春季耕作时，看好坡场，割防火界，就地焚烧杂草，完了再耕作下种。这种“火烧地”，开头几年特别能长庄稼。地力乏了，就扔掉，再开出一块新的“火烧地”来。那些地块像抹布般悬挂在山顶梁腰，仅看一眼就让人发愁，上粪收割全靠人力。山区高寒，仅能种植苞谷、荞麦、洋芋、豌豆等粗粮，河谷才种植小麦。遇着天旱雨涝便会减产乃至绝收，基本上属靠天吃饭。

父亲虽为乡村医生，但在张慧芳仅四岁时就去世了。她前面还有四个哥哥，两个姐姐，兄弟姐妹七个子女，吃饭人多，干活人少，加之“学大寨”年月，毁林开荒，草都铲光，水土流失，恶性循环，群众穷得盐都吃不起，能活下来就是幸运，还上什么学！姑娘也需自小放牛、割草、扯猪菜、采野果、爬坡上树，与小伙无异，可谓“嘴有一张，手有一双”，都能干泼辣。童年给张慧芳留下深刻印象的是推石磨。今日电器机械普及，很多年轻人已不知道推石磨是怎么回事。山区所产苞谷、荞麦、小麦都系带壳原粮，还需石磨加工粉碎。从汉画像砖上看，秦汉时就用石磨加工去壳，把小麦磨粉，一直沿袭两千多年，才被电磨机械取代。当然，也有用牛马拉磨的，但当年山区牛干马瘦，还要耕地，所以推石磨基本上靠人力，推着沉重的石磨转圈，一天下来累得筋疲力尽，头昏脑涨。张慧芳从小就跟哥哥姐姐推石磨，知道生存不易，这也是她日后能够自己创业的根本原因。

1991 年，张慧芳 12 岁时，放弃了小学五年级学业，跑到略阳城里打工，12 岁的小女孩正是对外部世界充满幻想的年龄，县城在她心目中就是天堂。但 12 岁的孩子能干什么呢？应为典型童工。她冒充 15 岁开始在略阳电影院旁边的砂锅店洗菜，一月挣 30 元。大冬天，寒风顺嘉陵江河谷吹来，双手浸泡在冰冷的水中，手指冻得红萝卜般通红，疼痛欲裂，实在遭罪。后来又去略阳一家卖菜豆腐节节店里擀面节节，在西街一家面皮店洗面筋，这活讲技术还要把力气，12 岁的孩子根本拿不下来。4 个月后，她又回到老家，农村早在 1981 年就分田到户，她家分到 28 亩地散布在河谷坡岭，她同哥哥姐姐一起下地干活。这时，重获自由的农民纷纷外出打工。近年总结改革开放成果，往往忽视这点，多年中农民被束缚在土地上，外出干任何活都当资本主义批判，连赶集都要请假。一旦获得自由，压抑多年的天性加急欲改变穷困的愿望，形成几亿农民外出打工的潮流。往往，历史并不全由大人物创造，倒常是处于草根阶层的最广大的群众靠勤劳的双手，才打下坚实的基础。秦巴山区人素以吃苦耐劳、顽强生存闻名。汉中盆地其实就是个“小四川”，平原不到十分之一，绝大部分群众依然生存在四周山岭之中，尤其略阳一带山岭高峻，河谷深险，土地贫瘠，生存不易。但山民不管多么艰苦都能打拼，那些貌似柔弱娇小的山区妹子，实则坚韧顽强，她们往往成群结伙，怀着对未来的希冀和梦想，背着行李，挤上火车。每年春节刚过，男男女女便如潮水般四溢，奔赴经济蓬勃、势头强劲的珠三角、北上广，不管城市多么繁华，他们身影出现的地方多是建筑工地，城市下水道，煤窑砖厂，纵是脏苦差累，也全然任劳任怨。我们谈及改革成就，应该充分认识到，离开千百万勤劳质朴、富于牺牲精神的农民工，一切辉煌都无从谈起。张慧芳便是他们中极普通又不寻常的一个。

13 岁时，张慧芳又到略阳县城打工。这次她进的是略阳红心食品厂，这家工厂经过改制，推出生日蛋糕、核桃酥、月饼等系列产品，很受市场欢迎，效益不错。张慧芳在红心食品厂干了三年，学会做蛋糕和面包的手艺。之后，她去汉中药缮堂打过工，还卖过腊肉。17 岁时，她便自己创业，在略阳两河口镇开了一家蛋糕店。起因是她认识了一位年轻的汽车司机，两人谈起恋爱，小伙也是略阳当地人，当时是从林区向外拉木材，两河口镇是必经之地，车流如潮，来往人多，也为她的蛋糕店提供了商机。张慧芳成了家，有了孩子，要说也就这么按部就班生活下去了。

岂料，从 1999 年开始，国家为保护生态环境，大规模推行“退耕还林”禁砍禁伐，整座秦岭山脉都在保护范围，禁伐后无木材可拉，当司机的丈夫顿时失业。紧接着，两河口镇因失去林业支撑往来人流锐减，蛋糕店生意萧条，难以为继。孩子要养，家要开销，两人都挣不来钱怎么过日子？那一段时间张慧芳还真犯了愁！

重新创业的灵光是在偶然中闪现的。2000 年时山城略阳个体经营的小店已满城开花，热闹繁华。在众多的饮食店中，张慧芳发现了罐罐茶的招牌，心中顿时一亮，说起来张慧芳儿时最深刻的饮食记忆就是罐罐茶，她的奶奶是略阳郭镇人，正宗罐罐茶正是那里出产。再说蛋糕在山区属高级食品，一般人过生日才吃，罐罐茶却是略阳人的传统早餐，受众面广，只要搞出正宗味道，注定会受欢迎。这么一想，张慧芳心里热腾腾升起一股创业的劲头。

二

罐罐茶所以诞生于略阳，或者说以略阳为正宗绝非偶然，而是有悠久的历史渊源。略阳地处嘉陵河谷，系甘肃、四川、陕西交会之处，历史上曾是氐羌民族繁衍生息之地。羌是甲骨文就有记载的民族，《诗经·商颂》记载："昔有成汤，自彼氐羌，莫敢不来享，莫敢不来王……"可见早在殷商时期，羌人已有自己的方国与首领，并与中原王朝有往来。我国藏学奠基人任乃强先生花费相当时间与精力，写出过一本《羌族源流探索》，对羌族的演变、迁徙、融合做出了令人信服的论述。任乃强论证氐羌原为一族，"羌"者高山牧羊人也，后因与中原交往，学会农耕技术，一部分人便迁往河谷垦殖务农，相比高山河谷要低许多，于是分化为两支，高山牧羊者为羌，河谷务农者取低谐音为氐。故语言、服饰、饮食、习俗等方面氐羌多

汉中市略阳县全景　褚亚玲/摄

有相同之处。

略阳类似重庆，系由嘉陵江、八渡河交汇形成的山城。从先秦时代开始就为氐羌民族的领地，还曾在略阳建立过武兴国。略阳县城至今还耸立着氐羌民族特色鲜明的江神庙，规模宏阔，为全国仅见。略阳自西汉元鼎六年（前111）始设沮县，宋开禧三年（1207）命名略阳至今。由于有嘉陵江的浸润滋养而文明昌盛，更由于嘉陵江的穿越而倍添壮美。20世纪50年代，国画大师李可染沿修建中的宝成铁路来到略阳，创作出《雄山秀水略阳城》等佳作。

我曾应略阳县政府约作《略阳赋》，可让读者对这座山城有大致了解：

秦岭巍峨，嘉陵浩荡。汉武拓土，元鼎封疆。五山环绕，丹凤求凰。
三江汇流，水韵略阳。北出秦陇，天水陈仓。南下川滇，蜀道悠长。
三省交会，沟通四方。仇池武兴，亘古名扬。氐羌游牧，农耕初尚。
民族融合，文明发祥。临江摩崖，郙阁流芳。灵崖洞窟，千年佛光。
青泥盘盘，李杜吟唱。仪址令碑，南宋华章。紫云宫阙，斗拱挑梁。
江神羌庙，名列国榜。先烈奋斗，山城解放。除旧布新，建我家邦。
宝成铁路，汽笛鸣响。嘉陵航运，风帆樯橹。珍稀矿种，百炼成钢。
高炉屹立，发电并网。辛酉洪灾，水漫略阳。军民携手，励志图强。
汶川地震，山崩楼伤。群情激奋，灾难共抗。重规蓝图，换颜更装。
天津支援，壮举共襄。重整山河，金狮银象。玉带八渡，园林广场。
环境优雅，宜居城乡。继往开来，共赴小康。

略阳县人民政府

王蓬撰文　宋宏书丹

二〇一三年四月二十日

从中不难看出略阳亘古为氐羌民族生息之地，而罐罐茶正是氐羌人在游牧农耕生活中，创造的一种适应其生存状态的饮食。由于“逐水草而居”经常迁徙，他们需要的是便于携带和贮藏的茶叶，这种需求刺激了茶叶加

汉中市略阳县　略阳古城东门　褚亚玲/摄

工业的发展，比如陕西泾阳就专为西部生产便于运输的砖茶。牧民需要煮茶时，用随身携带的小刀将砖茶切成碎块，放于罐中来煮。草原上用干牛粪做燃料，火劲不大，但持续时间长。煮时再配以小米、牛奶、奶酪，加盐煮沸后，滤掉茶渣，待茶味、奶味、香味充分出来，盛于木碗中，可接待客人，也可做茶水解渴。若再配以羊肉、馕饼、奶豆腐，那就是美味佳肴了。

陇南、陕南一带氐羌族群众饮茶历史也十分悠久。他们在秦巴山地就地取材，创造出适合自己的传统饮食罐罐茶。山地高寒，各种木材树根取之不尽，家家火塘也终年不息。清晨，女人们会早早起来，在火塘边用鼎罐煮茶。这种茶系把五谷杂粮炒熟磨细，用罐盛水，置火上熬煮，边煮边放入面糊，添进浸泡过滤后的茶叶水，再加上猪油，调以茴香、藿香、生姜、地胡椒、红葱皮、白葱根、花椒叶、鸡屎藤等熬成汤料，其中不乏中药材成分，比如鸡屎藤就有祛风除湿、消食化积、活血止痛的作用。再加上核桃、肉丁、洋芋丁、腊肉丁、鸡蛋花等佐料，提神暖胃，爽口宜人，喝一口更是有醍醐灌顶的痛快；配以在火塘边烤得焦黄的苞谷面馍馍，这种朴素又简单的饮食，最适合出坡干活的男人，放牧、垦荒、耕种、收获……全是力气活。男人们清晨在火塘边饱餐一顿罐罐茶加馍馍饼子，一整天都耐得住饥渴，出得上力气。罐罐茶还有很好的药用价值，山区高寒，外出多易感冒，只需在罐罐茶中加入生姜，喝一大碗，出身热汗，睡上一觉，感冒会不治自愈。

明清之际，玉米、薯类由北美传入中国，这些适宜在高寒山区种植的庄稼，加速了秦巴山区的开发，伴着清初“湖广填四川”的移民潮，大量因战乱失去土地的移民进入秦巴山区，汉中为移民输入之地。据《汉中地区志：卷五人口》记载，明末清初，汉中多数土著因战乱或死或逃，形成“十家九户客，百年无土著”的人口局面。清康熙五十年（1711）汉中人口为 123106 人，还不到今天 380 万人口的三十分之一，尚不及一县之人口。秦巴山地丰富的资源给新来的移民提供了用武之地。在秦巴山地移民开发史中常以最早的垦荒者命名，比如刘家沟、张家营、李家村等比比皆是。罐罐茶的传承人张慧芳的家乡亦不例外。据张慧芳说，她的家乡小湾村 28 户人家全部姓张，散居在河谷两岸的山腰或坡地里，无疑是明清移民在秦巴山地中产生的村落。不难想象，张家先祖在来到这片尚属处女地的小湾村时，先是窝棚岩洞，后有简易板房暂且栖身，四周丰富的资源，脚下肥沃的荒地给了他们生存的希望、发展的信心。之后，缕缕炊烟在板房盘绕不去，溪水边有张家女人淘米洗衣的身影，沉睡亿万斯年的冷清山谷也变得生机勃勃。她们会入乡随俗，在火塘边熬起罐罐茶，并加入新收获的物种，比如炒黄豆、红薯丁、洋芋丁、玉米粒等，给罐罐茶增添新的内容，也注入新的生命。

三

现在我们来讲张慧芳为什么能够成为罐罐茶的传承人，这和她的奶奶紧密相关。张家先祖经过几辈人努力，早已融进秦巴山地。推理应该有当地女子嫁与张家，自然带进当地饮食习俗。张慧芳的奶奶就是其中一个，关键是奶奶的老家在郭镇。

郭镇在略阳西北方向，已与陇南交界，山水相依，属羌族核心地区，较多保持着羌族传统生活习俗。羌人多居高山峻岭，凭高居险，修木楼、垒石屋，垦梯田，牧牛羊，熏腊肉，绣鞋袜；再是家家都有火塘，每日清晨仍会在火塘边煮罐罐茶，烤苞谷面馍，一家老少吃饱喝足才出坡干活。张慧芳的奶奶年轻时便是由郭镇出嫁到乐素河小湾村的，也把煮罐罐茶的好手艺带到张家。在张慧芳的记忆中，儿时不管日子多么苦涩难熬，奶奶都要想办法让全家人清晨起来后能在火塘边喝上一碗热腾腾、香喷喷的罐罐茶。罐罐茶里必须要有茶，在日子最苦焦的时候，最便宜的茶也买不起，怎么办？奶奶会在春天慢坡生长的马桑树发芽时，采摘嫩叶，杀青、揉搓、晒干，再储藏起来，当茶叶使用；收获核桃时，皮薄、个大、饱满的要去卖钱，剩下的奶奶会挑出还能食用的，收拾好放在瓦罐里，煮罐罐茶时就派上用场；至于鸡屎藤平时出坡随手就能扯回晒干备用；自家地里产的苞谷、黄豆、土豆，房前屋后种植的大葱、蒜苗、韭菜……只要经过奶奶精心制作调配，都会做成一家人早上必备的早餐——罐罐茶。奶奶还讲究把罐罐茶做成“五层楼”“七层楼”，意思是各种配料苞谷粒、黄豆粒、土豆丁、豆腐丁，加之花椒、大葱、蒜苗、韭菜……各种调料由于轻重不同，在罐罐茶汤中停留的位置也不同，就像羌人先祖居高凭险、聚族而居的村寨往往要用石块修碉楼。碉楼修得越高表明村寨有实力，碉楼往往有五层、七层，还有九层，川西北高原羌族所修碉楼至今保存完好有 200 余座，最高可达十几层。奶奶把罐罐茶汤中食品用几层楼表示，不仅形象，也是羌人才会有的碉楼乡愁记忆。若在逢年过节，奶奶还会把腊肉切成小丁，把油炸的酥肉切成小块，都放进罐罐茶汤中，硬是要熬出“九层楼”的罐罐茶。香气溢出火塘，飘到屋外，连住在前院姑姑家的孩子们都闻到香味跑过来。奶奶看到孩子眼馋的目光，宁可自己不喝，也要让所有的孩子都喝上一碗喷香的罐罐茶。看着孩子们像小猪般抢着喝罐罐茶，奶奶的脸会笑得像山野里盛开的菊花。

尽管，活了80岁的奶奶早已在2000年时过世，但奶奶煮的罐罐茶早已在张慧芳心中定格，成为她抹不掉的记忆。如今，当她决心创业做罐罐茶时，奶奶煮罐罐茶的情景顿时在眼前浮现，她开过蛋糕店，懂得市场规律与顾客需求，要做就要做到最好，把略阳真正的传统罐罐茶做出来。

张慧芳清楚搞饮食业，选好食材是基础，尤其是今天，经过改革开放40多年，已经解决了温饱的广大群众对饮食有了更高的要求，一点不敢也不能马虎。罐罐茶既然是一种早茶，首先便要从茶叶选料抓起。汉中是陕西重要产茶区，可供选择的茶很多，仅是汉中仙毫便包含有多支名茶：秦巴雾毫、午子仙毫、汉水银梭、定军茗眉……但名茶动辄每斤千元，成本高，名茶叶嫩，不经煮，不能考虑；罐罐茶可以选用大宗绿茶，夏茶、秋茶、粗茶都可以，因茶叶是过滤掉的只用茶水，不在乎茶叶粗细。但必须是当年新茶，新茶味鲜有香气，能在罐罐茶中提香。陈茶便宜但绝不能图省钱，隔年陈茶涩苦，老顾客一口就能品出，人家嘴里不说是留面子，但再不会登门，也就把生意做砸了。再是藿香、花椒、生姜、大葱、核桃、板栗、黄豆等原料都必须去农村原产地采购，一是知道根底，二是原料新鲜，从食材抓起才能保证罐罐茶的传统味道。现在张慧芳在农村已有多家固定供应食材农户，她要求不打农药、不施化肥，完全用农家肥料，种出的蔬菜才有早先也就是记忆中的味道。

有了好食材只能说有了做好罐罐茶的基础，练好手艺才是真正的关键。每个环节都需要认真学习和摸索，罐罐茶当然是奶奶熬的最好，奶奶去世时张慧芳正准备创业，除了小时留下的记忆，还没有完全掌握做好罐罐茶的手艺。好在村里许多长辈都是做罐罐茶的高手，张慧芳便回到村里向长辈们请教。同一家族，不是嫂子便是姑姑，也都热心教她，少走许多弯路。而村里不管谁家过红白喜事，修房造屋还是迎娶新娘，张慧芳都要回到村里为登门亲友熬上一大锅罐罐茶，既是表示祝贺，也让乡亲们检验是否还是早年的味道。为做出正宗罐罐茶，张慧芳没少下功夫，比如做罐罐茶仅是熬汤便有许多讲究，俗语“一物降一物”，必须掌握好调味的物品下锅的先后顺序，免得作用互相抵消，要的是“八仙过海，各显神通”，熬汤用的鸡屎藤、地胡椒、花椒、生姜、霍香、回香、葱根、茶、盐……十几种原料都要把握好放入的时间；火候也要掌握住，大火烧开，小火慢煮，熬出味道，再进行过滤，只要汤不要渣，冬夏季节不同，火候时间上也有区别，要用心去把握。其实世上要干好任何事就是两个字：用心。

每天，张慧芳都要为熬制第二天出售的罐罐茶准备调料，在火塘里搭上炒瓢，倒上油，炒鸡蛋、核桃仁、麻花，油炸黄豆、豆腐丁、洋芋丁、腊肉丁、锅巴、瘦肉丁等，这些都是她从农家收购来的土特产，用时十分方便。每天凌晨，在整个略阳城尚未完全苏醒的时候，张慧芳和她的员工们便已在小店开始忙碌，两口圆柱状的不锈钢锅中，放进熬好茶叶、生姜、藿香、茴香、葱根、大蒜的茶水，先倒入糊状面汤，微熬 20 多分钟倒入碗中，看上去酽酽的、浓浓的，不糊不清，均匀成红褐色；再调上香脆的调料，透着浓浓的清香。肉丁沉在碗底是第一层，鸡蛋浮在第二层，豆腐、洋芋丁浮在第三层，第四层是核桃仁、锅巴，表面是麻花、黄豆等，为第五层。但各种调料在烹制中考究火候，若一种炸得过干，会浮在表面，若是炸得不够火候，又沉在碗底，就喝不出“五层楼”的感觉。

每天清晨，店门开张，号称略阳五层楼罐罐茶便摆在赶早集的顾客面前。听着他们食用时发出的吸溜声，喝了一层又一层后的赞美声，张慧芳觉得这就是最大的回报，所有的辛苦都不值一提。

略阳羌族传统食品除了罐罐茶，还有菜豆腐节节，是用苞谷、荞麦等粗粮细作产生的风味食品，一般小吃店都同时经营罐罐茶和菜豆腐节节。但张慧芳觉得一心不能两用，只专心经营罐罐茶。因为除了熬好茶，还要用心去做好配罐罐茶吃的馍馍，有小麦面与苞谷面的区别，有核桃饼与芝麻花卷等品种，有的顾客还喜欢吃锅盔馍。张慧芳觉得要做好这些，也要同做罐罐茶一样，从原料食材抓起，到农村收小麦、苞谷，从源头上保证质量，一个环节也不放过。正因为如此，张慧芳在略阳城邻近菜市场一条小巷中开的羌英罐罐茶店，虽一间门脸，却有五个员工，每天早上要销出六七百乃至上千碗罐罐茶，成了略阳城风味小吃一张亮丽的名片。以至有了这样的俚语："到略阳不喝羌英罐罐茶就等于没到略阳。"但我觉得还不足以说明问题，为使读者能较全面地认识略阳罐罐茶，不妨把张慧芳的宣言附录于后，请大家读读：

"羌英罐罐茶"诚待天下客

各位茶友大家好：

我是"略阳罐罐茶"的传承人张慧芳，生在略阳、长在略阳，从小就喜欢喝罐罐茶，村里的家家户户都围着火塘熬茶，喝茶的习惯深深影响了我，奶奶见我诚实、好学，就把熬茶的手艺传授给了我。2008年，我带着这门手艺创立了"羌英罐罐茶"。

起初在草莓地租了间门面开始卖罐罐茶，既要营业又要照顾家庭，每天营业额只有几十元钱，请不起工人，只有自己加班加点没黑没明地干，还是亏损。罐罐茶是略阳传统茶点饮食，祖辈传下来的这门手艺如何在自己手上发扬光大呢？我一边经营，一边思考，总结如下：

1. 诚信经营。罐罐茶主要卖的是早市，略阳地方小，喝茶的人都是街坊邻里，时间长了都成了熟人，所以，不能欺客，要坚持诚信经营，在生意场上，诚信是最珍贵的，我坚持把最好的味道带给茶客，宁愿自己亏一点也不在意，最终赢得了广大茶客的信任，我的茶客中95%是回头客，这是我10年经营最大的收获。

2. 坚持传统工艺。之所以叫“羌英罐罐茶”，是因为略阳曾是羌族聚集区，略阳人对罐罐茶制作相当讲究，如果我的烧茶手艺脱离了略阳的习俗，那么羌人的饮食文化就无法传承，所以我坚持采用传统工艺制作，使“羌英罐罐茶”的味道始终如一。

作为略阳罐罐茶代表性传承人，要认真做好项目的保护和传承工作，创新思路，产业化发展非遗项目。对非物质文化遗产称号负责，一如既往做好罐罐茶，精心选材，真材实料，让罐罐茶的味道始终如一。让全国的朋友通过品罐罐茶，了解略阳，爱上略阳，熟悉略阳味道，为略阳的美食文化增光添彩。

第十章
鹏翔茶人有故事
——记汉中市西乡县茶叶协会会长段成鹏

段成鹏的父亲和祖父，都是在这样的环境中，日复一日地耕种坡地，在水田中收割水稻，在碧绿的茶园采茶……因采下的茶鲜叶必须及时烘炒制作，免得隔夜窝坏，颜色发黄，降低品质，卖不上价钱。所以每当采茶季节，汉水两岸的茶乡村落农舍，日夜都飘升着炒茶的炊烟，整个村子里都弥漫着柴草味儿与茶叶香气，这些带给茶农生活希望的气息，成为段成鹏童年定格于心中的乡愁。日后从事茶业也应算是命中注定。

汉中市西乡县茶业协会会长段成鹏　上官瑛/摄

采访时间：2019年4月13日

采访地址：陕西鹏翔茶业有限公司西乡总部

被采访者：汉中市西乡县茶叶协会会长段成鹏

一

西乡是汉中市名副其实的产茶大县，种茶农户达7万余户。全县茶园总面积达35万亩，注册茶叶企业达300户，省级茶叶龙头企业5户，市级茶叶龙头企业12户，获得国家级驰名商标1个、陕西省著名商标15个、汉中市著名商标7个、陕西省名牌产品9个，建成清洁化生产线60条，系全国重点产茶县、全国茶叶标准示范县，有全国名茶之乡称号。西乡茶叶生产历史悠久，据中国最早方志《华阳国志》记载，古巴国献茶周武王，其茶"形似月亮，紧压成团，名曰西乡月团"，距今已有3000多年的历史。著名的"陕青"茶和西乡首个名茶"午子仙毫"都是用西乡境内高山云雾茶叶为原料，在传统手工技艺的基础上，把黄山毛峰与西湖龙井的炒制技术相结合，研制出的半烘半炒型绿茶。所以，汉中绿茶手工制作技艺在2013年入选陕西省第四批非物质文化遗产名录，汉中绿茶手工制作技艺传承人则为西乡县堰口镇元坝茶厂厂长盛发明。

采访汉中绿茶手工制作技艺，西乡县茶叶协会会长段成鹏就成为最佳人选。采访段成鹏没有畏难感，有种踊跃心，盖因我们是朋友。

我与段成鹏的结识起缘于嗜好：饮茶。烟、酒、茶，但凡男子，多有嗜好。我不吸烟，酒亦不贪，就爱喝茶。清晨做事前第一件事便是饮茶，一杯绿莹莹、热乎乎的茶水喝下，不仅长精神，一切烦恼都且放开，还觉得生活的美好。

炒制好的汉中绿茶　上官瑛/摄

我的饮茶史可追溯至改革开放初期，1978 年前后，虽仍务农，但已有稿酬收入，开始饮茶。邻居周克富，汉中农校毕业，西乡茶叶干部，每每带回茶叶邀我共饮。印象至深是 1984 年我去北京读中央文学讲习所（后鲁院），邻居送来一包“陕青绿茶”，据说 3 元，吓人一跳，因为其时一瓶茅台酒才 4.6 元。带至北京，同室陈源斌（张艺谋导演电影《秋菊打官司》原小说作者，来自安徽，懂茶）泡了一杯，刚尝一口，便把门关上，对我叮咛：好茶，别给别人！

我与茶叶深度结缘，起于茶业专家蔡如桂，他曾为陕西培养首支名茶秦巴雾毫，却又蒙冤入狱。我跟踪采访，经历七省，行程万里抵浙江梅家坞中国茶叶研究所问询老蔡事迹。结局是《人民日报》1989 年 9 月 10 日整版刊登我所写报告文学《巴山茶痴》,《新华文摘》同年 11 期全文转载。他获平反，我获大奖。

“我得好好谢你，你爱喝茶，只要我还搞茶，”老蔡又补充说，“只要树上还长茶。”

西乡县鹏翔茶厂茶山　张锋/摄

西乡县鹏翔茶厂茶山　张锋/摄

二

正是蔡如桂给我介绍的鹏翔茶业，当时段成鹏还年轻，属人生青涩阶段。但名字好，再看小伙，瘦高身材，眉清目秀，鼻正嘴方，有股倔劲，有问方答，语亦不多。其时只知小伙 1971 年出生于汉中茶乡西乡，离县城还有近百公里，倒离以产紫阳毛尖出名的紫阳县较近，这一带也属传统紫阳茶区。段成鹏的家乡叫柏树垭，那一带四乡八岭，山岭延绵，土墙瓦舍，鸡啼狗吠，炊烟飘升，便是一个乡村孩子眼中的全部世界。好在山岭覆盖的不全是松林、毛竹，还有成片的茶园。山谷里的小河浇灌着一弯弯的水田，祖祖辈辈被山岭护佑，也被山岭围困。段成鹏的父亲和祖父，都是在这样的环境中，日复一日地耕种坡地，在水田中收割水稻，在碧绿的茶园采茶……每当这时，家家户户的瓦屋茅舍便会飘升起缕缕炊烟，那是炒茶季节一道年年重复的风景，因采下的茶鲜叶必须及时烘炒制作，免得隔夜窝坏，颜色发黄，降低品质，卖不上价钱。所以每当采茶季节，汉水两岸的茶乡村落农舍，日夜都飘升着炒茶的炊烟，整个村子里都弥漫着柴草味儿与茶叶香气，这些带给茶农生活希望的气息，成为段成鹏童年定格于心中的乡愁。日后从事茶业也应算是命中注定。

“文革”结束时，段成鹏刚好到上学年龄，不再举拳头，喊口号，当红小兵，进教室学习成为正业，也算生逢其时。穷苦人家孩子从小用功，还少不了捡粪、砍柴、收庄稼，采茶是他最爱干的活儿，生存环境的闭塞和生活的艰辛，使他这样的乡村少年打小就经历了一般人很少经历的苦难。

1986 年秋天，段成鹏考上中专汉中商校，进了秦岭以南最大的城市汉中，农家子弟除了自己拼搏没有谁可以指靠，在校几年门门功课都是优秀。毕业后顺利分回西乡供销社，主动参加茶叶收购。别人工资领完不操闲心，段成鹏祖辈农民，如今有份工作，吃上“公家饭”自然加倍珍惜。他踏遍茶山，跑烂鞋底，练习炒茶，十指起泡，这股实干劲儿被领导看上，调到县外贸公司，23 岁便被任命为下属司渡茶厂厂长。虽说是茶厂，但设备简陋，仅几间厂房，20 多名工人，炒茶时节，两排 20 多口炒锅，一人一口把关，厂长也不例外，杀青锅直径一米，深凹下去，翻炒茶叶，力气、眼力、经验、吃苦耐劳缺一不可。铁锅烧至八九十摄氏度，一筛 5 公斤青叶倒进去，带抓斗的电动滚筒要转动翻搅。管锅把关师傅一点不敢大意，稍一马虎，若过度茶会炒焦，欠火候又杀不尽茶叶草味，得全神贯注全力以赴。尤其炒大宗绿茶时，夜以继日，往往成月不能睡个好觉，常搞得人筋疲力尽。

一次，段成鹏发现茶叶成团没散开，刚伸进手就被转动的电抓斗缠住毛衣，差一点绞进锅里。幸亏他还机警，用力朝外一奔才甩脱抓斗。在场的人都吓了一大跳，过后无不庆幸，若卷进滚烫的铁锅，小则受伤，大则丧命。但炒锅若出了毛病，仍需穿好外衣，带紧手套，爬进去检修，汗水往往湿透衣衫，炒一季青茶下来，手上到处是伤，头发老长，眼熬得通红。作为厂长段成鹏天天要操心，成夜不能睡，不断品味新茶，能把肚里油水刮完，馋得特别想吃肉。但那会工资低，收入少，一周才敢吃肉打次牙祭，一季茶炒下来段成鹏体重减少 26 斤。虽十分辛苦，正是这段工作阅历，让他渐次掌握种茶、育茶、采茶、制茶及市场需求、营销等一系列商品经济规律。

碧绿的茶山每每唤醒段成鹏创业欲望，外行当家、受制于人的体制也让他生烦，在国企改制的大潮中他索性辞职，2000 元起家，先办营业点，代销土特产，又下广州闯深圳，事情没有干成，却开阔眼界，充实心胸，回头再搞茶叶，已是雄心万丈。2003 年，西乡县政府提出“茶叶经济强县”发展战略，段成鹏毅然组建了陕西鹏翔茶业有限公司，在高寒偏远、交通不便的五里坝镇承包了 500 亩茶园，建立了一座标准化茶叶加工厂，多次聘请专家做技术指导，引导茶农科学种植。生产的茶销售价高出当地茶叶价格的两倍以上，增加了农民收入，促进了经济发展。2009 年，他又在茶叶种植广泛的柳树镇建了一座名优茶加工厂，购置先进设备，采用“公司带基地，基地带农户”的模式，与农户签订生产购销合同，辐射茶园 3 万多亩，使 2 万多户茶农人均增收数百元，由原来卖茶难，到现在供不应求，许多群众通过种茶卖茶走上了致富路。现在，地处山区的几个乡镇，农民种茶积极性高涨。短短几年时间，周边茶农的收入大幅增加。

善饮茶者均知，茶喝一口鲜。新茶上市，嫩芽吐蕊，泡入杯中，绿莹莹的清亮，喝一口一股清香直入肺腑，权当做了一回神仙。但无论何等好茶，放三个月走味，再放半年，鲜味全无，单剩茶香。故北方索性加入茉莉，此花茶之来历。至于牧区粗叶嫩枝一块压成茶砖，反正煮奶茶、消腥解腻即为成功。段成鹏深谙此理，从承包茶园开始，质量就从源头抓起，产品更需与市场接轨，开始便高起点、高规格，首创袋装抽气保鲜茶，即把新鲜茶叶装进密封袋后，抽掉空气，冷冻储藏可长年保鲜。但如今有钱人多了，要四季尝鲜，故茶叶保鲜成为尖端需求。鹏翔茶业大胆尝试，蔡如桂给我介绍的即为此种二两一包的茶，抽干空气，便于储藏、便于开拆，喝完再取，可常年尝鲜。

此茶并非名茶，名茶太贵，每斤动辄千元，且不经泡，亦非毛尖，而是绿茶中的特炒，我称其三等特级。初创时百十元左右，价格合宜，关键经泡有味，最适合有二三十年饮茶史者过瘾。此茶问世，我一旦认准，再不改口。那年出版文集请陈忠实作序，没想得到一篇 12000 字长文，情恳意切、力透纸背。正好用鹏翔绿茶感谢。“这茶好，喝着过瘾!”陈忠实如此赞叹!那好，之后年年就送这茶，咱也要向蔡如桂学习，只要鹏翔还产这茶。乙丑年初夏，再送新茶，陈忠实感叹：这娃茶好，给这娃写幅字吧。隔不数日，一快递如飞鸿飘至，打开，墨香扑鼻、笔墨酣畅：

鹏翔耀九州，茶香飘万里。

三

一转眼，这都是好几年前的往事了。虽都在汉中，各自忙手头事情，我也几年没来西乡，只听说段成鹏又有大动作，在产茶大县西乡划出的食品工业开发区购置地块，建新厂房，添置国内最先进的茶业生产设备……这次来正好见识。段成鹏带我们边参观边介绍，说中国的传统茶叶分为六大类，分别是绿、白、黑、黄、红和青。目前全国茶叶不下三百多个品种。产地不同，出产茶叶也不同。汉中历史上是传统绿茶产区，过去每年在明（清明）前采制汉中仙毫系列名茶，在谷雨前采制毛尖毛峰系列，之后便是大宗炒青绿茶。其实夏秋还有相当数量的茶叶没有利用，造成很大浪费。而夏秋茶叶富含硒锌和茶多酚，是制作红茶的最佳原料。他一直潜心研究解决夏秋茶叶加工利用及茶园效益季节性强、不利发展的问题。早在 2007 年，他就招聘技术人员成立“汉中市红茶研究所”，组建红茶产业化开发研制课题组。他带领技术骨干先后三次到南方考察，引进红茶生产工艺。历经三年，先后在柳树、五里坝、峡口等多地进行反复试制，取得大量实验资料，积累经验，并结合当地茶树特性及设备情况，制定出有机红茶萎凋、揉捻、发酵、干燥四道工序。根据陕南茶叶的独特性，在工艺中增加了一道程序：二次发酵。工艺变为萎凋、揉捻、一次发酵、一次干燥、二次发酵、二次干燥。主要原因是，陕南属北方茶区，茶叶生长时间长，昼夜温差大，造成陕南茶叶叶片肥厚，茎、梢硬，一次发酵不透。经过几年努力与实践，研制生产的红茶可与顶级红茶媲美，填补了陕西红茶的空白，该项成果荣获 2013 年汉中市科学技术二等奖、西乡县科技创新一等奖，他本人荣获市、县科技创新先进个人。2016 年陕西鹏翔茶业股份有限公司与陕西理工大学共同制定了《陕西工夫红茶标准》，该标准于 2017 年 8 月发布，为陕西红

西乡县鹏翔茶厂车间里工人在包装茶叶　程江莉/摄

陕西鹏翔茶叶出厂前复检 上官瑛/摄

茶标准化生产奠定了基础，已通过审核在全省发布。在他的引领和带动下，西乡茶叶界掀起“红茶热”，纷纷向他拜师学艺，请他现场做技术指导和培训。不到三年时间，他便指导传授近 200 名技术人员掌握了红茶制作的关键技术，促使陕西红茶市场份额不断扩大，成为茶产业新的经济增长点，对陕西的红茶发展做出了应有贡献。由此，段成鹏全票当选为汉中产茶大县西乡茶叶协会会长。

2010 年为了拓宽茶叶的应用范围，将茶引入食品生产领域，段成鹏组织成立了“陕西鹏翔茶业有限公司超微绿茶粉研制课题组”，聘请高级农艺师，研制超微绿茶粉。他先后去南方等地考察学习，掌握操作流程，制定了超微茶粉工艺流程和操作规范。2010 年 9 月，超微茶粉通过专家组评审，一致认为该技术科学合理，研究成果达到国内同类产品的先进水平，填补了陕西省该类产品的市场空白。通过该技术的推广运用，使茶叶资源得到有效利用，茶园亩产值增加 30%左右，产品附加值进一步提高，经济、社会效益显著。

段成鹏的陕西鹏翔茶业有限公司的规模和影响力不断扩大，已成为一家集茶叶种植、加工、国内外贸易、电子商务、新产品研发和茶文化推广于一体的省级农业产业化重点龙头企业、省级职业农民实训基地、陕西十强茶企和知名品牌企业，品牌知名度和市场占有率位列陕西同行业前列。企业及产品先后通过了质量管理体系、食品安全管理体系、中华人民共和国生态原产地保护产品认证以及中国有机、欧盟有机认证等八大认证。生产的鹏翔牌汉中仙毫、鹏翔绿茶、汉家红茶等有机茶系列产品先后获得国际国内大奖三十余项。“鹏翔”“汉家”商标先后被陕西省工商局认定为“陕西省著名商标”，鹏翔牌绿茶、鹏翔汉中仙毫、汉家红茶先后被认定为“陕西省名牌产品”。在鹏翔茶业宏阔的现代化厂房前，看着刚步入中年，沉稳干练的段成鹏，我再次想起文学大家陈忠实给他的题词，其实也是祝愿：鹏翔耀九州，茶香飘万里。

第十一章
陕西茶在历史上的影响
——从“汉中买茶，熙河易马”谈起

在汉中勉县金泉以东山道为米仓道支线，道边崖石刻有一方南宋绍熙五年的摩崖石刻。内容为禁止私运茶与食盐的布告，揭发者可得赏钱五十贯。这块摩崖石刻虽不起眼，却反映出中国农耕经济时的一桩大事，这便是始于唐，盛于宋，延续至明，历经千年的“茶马互市”。《宋史·食货志》明确记载“汉中买茶，熙河易马”。

古代汉中西部茶叶运往关中的褒斜古道　石宝琇/摄

一

陕西境内，秦岭以南的汉中、安康、商洛都有茶区分布。唐时陆羽所著我国首部茶叶专著《茶经》开篇就载："茶者，南方之嘉木也。一尺、二尺乃至数十尺。其巴山峡川，有两人合抱者，伐而掇之……" 分明就指此地。若以此说位于秦巴山区的汉中、安康、商洛还是中国茶叶的发源地。事实是此三地至今还是陕西产茶区主要产地，有紫阳毛尖、汉中仙毫、商洛白茶等名茶行世。历史上还有浓墨重彩的一笔，那就是《宋史・食货志》所载"汉中买茶，熙河易马"，不仅反映出陕西宋时茶业繁盛的史实，还与国家边贸与边关安危紧密相关。

汉中在陕西省西南部，秦代设郡，始筑城郭，汉朝奠基，名声大显。长江最大支流汉水发源于此。汉中实际也是由汉水在秦岭与大巴山之间冲积的一块带状盆地，除汉水两岸的原野之外，分别是丘陵、浅山、中低山区，乃至高山峻岭。丘陵、浅山、中低山区大都在海拔 800—1600 米的缓坡地上，属我国南北气候的过渡地带，竹木繁茂、雨量丰沛，冬无严寒、夏无酷暑，气候温和，是世界同纬度地带中最适宜茶树生长之地。与江南茶区相比纬度偏北、在北纬 32°～33°之间，海拔较高、云雾概率亦高，富含锌、硒，远离污染的优良生态环境，使汉中茶具有"香高、味浓、耐泡、形美、保健"五大特点。这就好比我国北方大米由于比南方水稻生长周期长，东北五常、宁夏河套产优质大米一样，汉中优越的地理生态条件也使其成为优质茶叶产区。

据史料记载，汉中茶叶始于商周，兴于秦汉，盛于唐宋，继续于明清。据中国现存最早的地方志晋代学者常璩所著《华阳国志》记载，古巴国献茶周武王，其茶"形似月亮，紧压成团，名曰西乡月团"，这应该是世界上最早的贡茶了。汉中其时即为古巴国统属。唐代，朝廷即以汉中所产茶赐贡。在汉中勉县金泉以东山道为米仓道支线，道边崖石刻有一方南宋绍熙五年（1194）的摩崖石刻。内容为禁止私运茶与食盐的布告，揭发者可得赏钱五十贯。这块摩崖石刻虽不起眼，却反映出中国农耕经济时的一桩大事，这便是始于唐，盛于宋，延续至明，历经千年的“茶马互市”。《宋史·食货志》明确记载“汉中买茶，熙河易马”。

那么，熙河是哪里呢？熙河即甘肃临洮，是历史上茶马互市起点汉中之外的另一个重镇。这是临洮所处位置所决定。首先就山形水势来讲，临洮是中国南北分界线秦岭的西部起点，也是秦长城的西部起点，还是青藏高原向关陇中原的过渡地段，是中国古代占据青藏高原与河湟一带的吐蕃、吐谷浑、胡羌等游牧民族进入内地的必经之地。临洮有洮河贯穿，形成开阔的河谷，山岭水草丰茂，谷地平整肥美，适宜游牧、农耕和渔猎养殖，恰处在古代先民生息繁衍时首选的二级阶地。在临洮境内出土的大量彩陶，被认为是马家窑、辛店、寺洼文化的代表与发祥之地。秦汉时期，在青藏高原、河湟谷地与河西走廊先后崛起的吐蕃、吐谷浑、匈奴、西羌凭借着马上优势，南下中原劫掠，临洮一线又成拉锯战场。

金带连环束战袍，马头冲雪度临洮。
卷旗夜劫单于帐，乱斫胡兵缺宝刀。

——［唐］马戴

唐代还有一首诗歌：

北斗七星高，哥舒夜带刀。
至今窥牧马，不敢过临洮。

全唐诗中，仅是写到临洮一带军情战况的就达几十首之多，诗人注定有感而发，不至于空穴来风，事实上临洮也是游牧民族进击中原最好的桥头堡。临洮一带的山岭起伏延绵，水草丰茂，能够驻扎军队，放牧军马，临洮开阔的河谷自古种植谷物，是西部著名的粮仓，尽可补充给养，进可出击关陇京畿，威逼长安；退则为广阔的青藏高原，祁连谷地，进退从容，无后顾之虑。但对中原王朝来讲，临洮便成为心腹之患。所以从秦代开始，就在此构筑长城，设立要塞，选派名将，驻扎重兵，胡骑烟尘，金戈铁马，载入半部史册。

二

在漫长的岁月中并不完全是战火烽烟，更多还是胡汉交流民族融合。

自从贵主和亲后，一半胡风似汉家。

——［唐］陈陶《陇西行》

嘉峪关是中国丝绸和茶叶西行进入西亚和欧洲的主要陆路之要塞　袁志刚/摄

蕃人旧日不耕犁，相学如今种禾黍。

——［唐］王健《凉州行》

唐诗中这些诗句便是最真实的写照，最能体现民族交融则是始于隋唐，盛于两宋，延续至明清长达千年的茶马互市。中国是茶叶的故乡，是世界最早发现茶、饮用茶的国家。早在西汉，王褒所写《童约》中就出现“茶具”这样的字眼，并写到如何汲水、如何煎用。唐代茶圣陆羽则写出中国首部茶叶专著《茶经》。生活于北方和青藏高原的游牧民族，由于以牛羊肉和高寒地区生长的青稞面为主食，肠胃难以接受，需要茶叶帮助消化。史载“腥肉之食非茶不消，青稞之热非茶莫解”，这表明茶叶为游牧民族生活必需，但牧区高寒并不产茶，只能以生产的骏马及毛皮与内地贸易，以物易物，“以所多，易所鲜”几乎是所有民族所必须经历的商品交换规律。有史学家说，首倡茶马互市的是北宋大臣王韶。他认为北方契丹和占据河西漠北的西夏都产中原所缺的良马，而所缺是茶，可以茶易马，以解双方之困。这是桩可获双赢的边贸项目。

但《新唐书·陆羽传》中说“时回纥入朝，始驱马市茶”，表明早在唐时，北方游牧民族就开始用马匹与中原王朝交换茶叶。这样可以起到外安抚边民，内充实军力驿力，活跃边贸也和平相处的多重效果。所以历代王朝都很重视，专设茶马司，配备熟悉情况的官员和通晓胡语的翻译任通司来加强管理。这应该是今日抓出口贸易之先声。

临洮由于占有地形之利，相邻的吐蕃、吐谷浑、党项、蒙古均为不可或缺茶叶又无法生产的游牧民族，他们必须寻找到最近的茶叶集散地。秦岭南侧的汉中就成为首选之地。陆羽在《茶经》中把汉中列为全国八大茶区之一的山南茶区，位于全国茶区最北一线，成为距西北游牧民族最近的茶区。由于有此优势，加之蜀道与汉江航运的畅通，使汉中成为沟通蜀地荆襄茶区与临洮马市的集散重地。也就是《宋史·食货志》所载“汉中买茶，熙河易马”。边贸的繁荣，刺激了茶叶生产。当时，汉中府所属西乡、

榆林镇北台，茶叶北上之路的必经之关隘 石宝琇/摄

洋县、三泉诸县许多农民都成为以种茶为业的专业户。方志上说“西乡产茶，亘陵谷八百余里”。当时西乡县境包括其他邻县，较今日为大，那是何等的规模与气势。就是千年后的今天，提倡调整农业产业结构，也没有达到这种规模。笔者曾查汉中方志，仅是宋神宗熙宁七年（1074），汉中收购茶叶便达 700 余万斤。加之荆襄四川涌来的茶叶，形成规模巨大的茶叶市场，吸引了周边胡汉商贩云集汉中，形成城市经济的空前繁荣，客栈、酒楼、茶肆林立，商幡招展，贿货山积。每年税收高达 426460 贯，成为与国都开封（402378 贯）和成都（899300 贯）并列的全国三大税收城市。有资料表明，到宋哲宗时，汉中茶叶除供北方西夏、吐蕃、突厥、鲜卑等游牧民族之外，还远销或转销中西亚乃至欧洲，汉中茶业兴旺至明清。《明史》上说：“汉中繁华虽不及长安，亦陕西第二大都会也。”

至今，这种繁盛在古城汉中还有踪迹可寻，沿汉江柳林、铺镇、汉中南关、上下水渡皆为当年航运码头。等待运往襄樊汉口的秦巴土产、药材毛皮堆积如山；返回的船只则运载布匹棉花、青盐白糖、洋油铁器，再由车辆骡马运往秦巴大山千沟万壑中去。清人尚有诗作“万垒云峰趋广汉，千帆秋水下襄樊”，那是何等的场面和气派。

不仅如此，川陕公路开通的70年前，穿越秦岭的古道畅通，来自秦陇内蒙古的马帮驼队给许多老人留下印象。运进汉中多为布匹棉花、宁夏青盐；运走多为茶叶药材。黄昏时节，褒谷口七盘岭上响彻山道的驼铃，赶夜路的客商密如繁星的火把，还有赶驼人那高昂悲怆响彻天际的山歌：“噢嗬嗬……哎。”悠长得无边无际，仿佛要把人带进“茶马互市”那漫长的历史岁月。

那么与汉中对应的临洮也会出现规模巨大的马市。可以想见，每当秋

泾阳茯茶西进至天山北道，这里是哈萨克族生活的地方。而茯茶是这个游牧民族制作奶茶的必需原料　石宝琇/摄

在古代汉中、安康的茶叶进入关中和中原的主要通道——子午道　赵利军/摄

高马肥季节，吐蕃人、西夏人、吐谷浑人、蒙古人就会赶着马匹驮着帐篷汇聚到临洮，平坦河谷搭满帐篷，山坡上圈拢着准备交易的马匹，马市上人头攒动吆喝不绝，各种饮食、酒店、茶肆商幡招展，各种艺人也闻讯而来，把这塞外高原城市挤得满满当当，白天市声喧嚣，入夜灯火万点。一拨满载着砖茶、谷物的吐蕃人刚刚离开，一拨赶着骏马的党项人又搭起了帐篷，硬是把这桩茶马买卖推演了千年之久。

三

“茶马互市”持续千年却始终存在着麻烦和问题。早在秦汉，生活于北方的匈奴人便屡犯边塞，南下劫掠的重要物资就包括食盐、茶叶、粮食和

布匹。西汉初年因多年战乱，民生凋敝，对匈奴入侵无力反击，只能采取“和亲纳贡”的绥靖政策，即选王室宗族女子，再陪嫁大量绵绸物资，这其中就包含匈奴人最需要的食盐和茶叶。著名的历史故事“昭君出塞”，便是化兵戈为玉帛，开展边贸，互通有无，由此出现了“边城宴闭，牛马布野，三世无吠犬之警，黎庶亡干戈之役”的繁荣气象。

古代汉中茶运往长安及关中诸地的最佳途径——子午古道，也曾是唐代的荔枝速运快道 赵利军/摄

边塞商贸活跃是元蒙时代，成吉思汗及其子孙建立了辽阔的元帝国，其商队曾远征西亚，沟通过与阿拉伯人的交易，建立过被誉为“黄金索道”的商贸大道，也为元蒙各部所需食盐、茶叶、粮食、布匹提供了广阔市场。“三边”一带盐马古道的交易物品也扩展到“盐茶交易”“盐粮交易”等，三边群众多组商帮马队“驮盐换毛皮”“驮盐换粮茶”拓展活跃了边贸市场。

由于元代由蒙古人统治，疆域空前辽阔，“普天之下，莫非王土”。尤其历朝屡成“边患”的游牧民族，如今成了占据中原的统治者，所以元代不修长城，也不存在“边患”，边地展开“边市”不存在行政干预。明代则不同，汉族重新执政中原，被赶到草原的元残存势力及生活在北方草原的瓦剌、鞑靼等游牧部落经常南下劫掠，再次引发“边患”危机。1472 年，鞑靼深入甘肃平凉一带，“如入无人之境”，大肆劫掠。蒙古各部在山西、陕西北部多次骚扰，其中一次涉及 30 余县，男女被杀 20 余万，损失牲畜数百万头，大量房舍被烧毁，造成大批百姓无家可归，无处可逃，更无处可

茯茶进入青海高原腹地玉树的盘山路　石宝琇/摄

茯茶进入甘南和川西藏区之路——川甘交界处的郎木寺前大道 石宝琇/摄

安生的局面。对来去迅速、凶狠剽悍又占据马上优势的对手，明王朝开始还想依赖大国天朝优势与之对垒，主战呼声很高。明英宗御驾亲征，结果三十万大军却败得一塌糊涂，连皇帝都被俘虏。这便是著名的“土木堡事件”。敌军甚至打到北京城下，幸亏有于谦等名将坚守奋战，才勉强打退来犯之敌。打不过咋办？只好被动防御，有明一代大修长城，留下“明修长城清修庙”的古语。这样又引发滥征民力，耗费财资，造成新的矛盾。再是对小股敌人进犯，长城尚起作用，但并不能阻止敌军大规模进攻，最多是蒙古骑兵在劫掠得手由于有长城不能马上逃离时，被明军追上打过几次平手，或者是夺回被抢的物资。

茯茶西进必经的青海日月山　石宝琇/摄

四

据《明史》载，1542年，事情发生了戏剧性的变化，鞑靼部主力派遣使臣到大同向明王府表示，他们不希望打仗，而是要求在边城开放“互市”。原因是草原缺的是茶叶和布匹，每次劫掠虽能抢到一些，并不能满足长期的大范围的人群需要。况且，因为劫掠，边境百姓纷纷逃亡，所抢有限，还要冒着与明军作战的风险，自己也有不少伤亡，不划算，不如停火，开展边贸。可是双方敌对多年，恩怨难以化解，蒙古使臣几次都被杀掉，引发蒙古骑兵南下，攻陷古北口，再次围攻北京城，并在京畿河北一带大肆烧杀。痛定思痛，明朝君臣这才认真比较利害，终于在1570年正式签订“互市”条约，即“隆庆议和”，开展以“茶马互市”为主的边境贸易。结果是

“东起延、永，西抵嘉峪七镇，数千里军民乐业，不用兵革，岁省费什七”。边贸的展开，拉动了双方经济，著名的“晋商”就是在这次息兵戈而兴边贸中获得机遇，得到了长足的发展。明朝的边贸政策为清代所延续，清代学者魏源评价“隆庆议和”不仅平息明五十年之烽火，还开本朝二百年之太平。由此观之“茶马互市”功莫大焉。但互市后还引发了边贸本身，即商业游戏规则中的一些问题。

开始，由朝廷设立茶马司专营，由于“茶利大兴”，利益驱动，商人便私自购茶易马。政府严令禁止，甚至动了真格儿的。明朝初年，朱元璋为肃法纪，下令杀掉了在汉中西乡私贩茶叶、牟取暴利的亲女婿欧阳伦，但

茯茶西进至青海高原的唐古拉山山阴的澜沧江河谷，这里也是当年文成公主入藏经过的地方　石宝琇/摄

榆林无定河的北岸即内蒙古高原，茯茶北上之路必须跨过此河　石宝琇/摄

茯茶西进青海高原必经黄南州境内的黄河峡谷　石宝琇/摄

过后私贩依然如故，屡禁不止。这其中的要害是茶马官商纲纪废弛，贪污腐败，且不能随行就市灵活处置，造成胡贩皆愿与私商易马的被动局面。

不得已，明政府采取官商并举之策，但仍出现“官商不济，私贩盛行”的局面。明弘治三年（1490）不得不大规模招商，完全变官营为民营，让商人直接去市场竞争，政府坐享税收之利。

从官营到官商合营，最后完全民营这长达千年的历史纠葛，揭示着市场经济的规律，闪烁着商品法则的光辉，对于我们今天的经济建设，也应该有着深刻的启示啊！

附录一

陕西的茶马古道

茶马古道的诞生与茶叶的发现与饮用密不可分。茶圣陆羽曾在其所著中国最早茶叶专著《茶经》中指出：“茶之为饮，发乎神农氏。”即三皇五帝时代。另据中国现存最早方志晋代学者常璩所著《华阳国志》记载，古巴国献茶周武王，其茶“形似月亮，紧压成团，名曰西乡月团”，这应该是世界上最早的贡茶。汉中其时即为古巴国统属，距今超过3000年历史。茶马古道的诞生要伴随着三个条件：一是茶叶的发现与饮用；二是马匹的驯化与使用；三是古道的发现与开辟。缺一不可。

茶的发现在三皇之世。成书于先秦的《神农本草》记载：“神农尝百草，一日遇七十二毒，得茶而解之。”对这段文献有多种解读。但对茶诞生于史前三皇之世并无异议。

马帮起于何时？应该说伴着六畜的诞生，人类就发现了马的乘骑与驮运作用。秦人的先祖就是因善于驯马，才获得了西周王室的重用。战国时期，战争频繁，各国军队配备战马战车已属常态标配。秦兵马俑出土的铜车马就是最好证明，可见马的驯化与驮运源远流长。

那么古道开辟起于何时？我们知道，关中平原曾是十三个封建王朝建都之地。既然关中长安是全国中心，那就必然要修筑四通八达的驿道把京都省府与边城远地勾连起来。若在平原，道路修筑就比较容易。早在西周，就已建立有整套的修筑道路的规格与标准。道路分为经、纬、环、野，并与田亩面积、水渠长短、城邑大小统一规划，整齐而富于变化，统一中透出威仪。若不是这些事实是出自 1979 年四川青川县发掘的一批秦武王二年更修田律的木牍记载，真让人不能相信这些是出自 3000 年前的我们祖先之手！

只是关中平原以及北方地区并不产茶，周秦汉唐王朝所需贡茶皆在秦岭以南的汉水河谷与四川盆地，这中间横着一道天然屏障：秦岭与大巴山。且都是东西延绵长达千里的巨大山脉。秦岭最窄处也有二三百公里；当时植被茂密，没有指南针，完全可能迷路；沿途人烟稀少，食宿无着；更不说暴雨山洪，毒蛇猛兽；加之，千山万谷多不胜数，据清人毛凤枝所著《南山谷口考》所记，仅从潼关到宝鸡，秦岭便“凡得谷口百有五十，尤其要者三十有一焉”。诸多山谷，何是通途？

稍加细想，便疑窦丛生，古人怎样穿越蛮荒险峻、望而生畏的秦岭、沟通中原与大西南的呢？真乃千古之谜！

据《史记·六国年表》记载，公元前 451 年，秦厉共公二十六年，左庶长城南郑，说明秦人已从关中直走到汉中；蜀人参加牧野之战，说明蜀人殷末已走向中原；穿越秦巴大山的古道发现与使用应远在三皇之世，距今已有四五千年的历史。再一个事例是 2700 多年前，“一笑千金”的美女褒姒生长于秦岭南侧的古褒国，而周幽王的国都却在关中长安区斗门镇附近，可见居于秦岭两侧的古人已有频繁的交往，险峻的秦岭并不曾隔断人类的婚姻联系。

那么古代先民是怎样发现和开辟道路的呢？著名地质学家李四光说过，由于地球自转，内应外力的结果，在地球表面形成突兀云表、东西延绵的大山。在欧洲，有东西延绵的阿尔卑斯山脉，成为区划北欧与南欧的分界线；在相对应的亚洲，则有划分中国南方与北方的秦岭。秦岭西起甘肃临洮，横跨陕甘，直到河南伏牛山地，以主脊为界，北坡的雪水流进渭水汇入黄河；南坡雨水则归流汉水汇入长江。所以秦岭也是区划中国南方和北方、长江与黄河这两条大河流域的分界线。

亿万斯年，岁月悠悠。

秦岭被雪雨激流冲刷为条条幽深狭长的河谷，这些河谷又被古人利用。可以想见，当初尚未完全摆脱游牧状态的古代先民，为了生存，沿着温润平缓、植被茂密的河谷行走，河谷平缓，少翻越山岭之苦。一边采集，一边狩猎，辗转迁徙，长期探索。终于认识到隔绝中原与大西南的秦岭山中，竟然有河谷可通。桃李不言，下自成蹊。古道首先经历了自然踩踏与自然发现的阶段。

目前已经发现并经专家认定的穿越秦巴大山的七条古道，基本上都是沿着河谷修建。秦岭山谷很多，比如褒斜道是沿褒水与斜水开道；故道，也就是陈仓道则沿着嘉陵江河谷；傥骆道则沿傥水与骆水；米仓道、金牛道、荔枝道也是沿着汉水或嘉陵江的脉流河谷形成。

沿河谷选修道路充分体现了古人选道的智慧。这种办法一直沿用到现代铁道与公路的修筑之中，被称为沿溪线。这在中国文字中也能找到依据，古语无水不成道。所以道路的“道”字加“辶”部首，因要沿水才能行船。

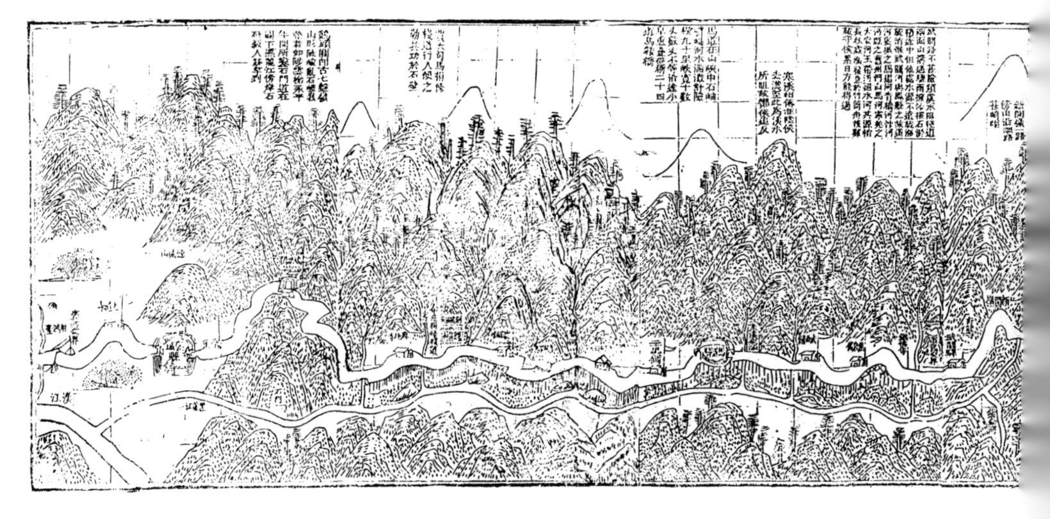

褒斜（南北）栈道图（选自清嘉庆十八年（1813）《重刻汉中府志》） 王蓬/供图

可见古道产生于古文字之前。

秦岭山中的河谷地带，至今还残存着一些古代先民踩踏开凿的原始小路。比如留坝县境内界牌关附近，褒河对岸数百米长的整体山石上凿有脚窝，间隔在半米左右，正好是一步距离，一边临河，一边为山崖，仅容一人行走。1992 年我参与拍摄纪录片《栈道之乡》，曾涉河过去仔细观察，这种脚窝显系人工所为，即使在铁器出现之前，新旧石器时代，也可以用石制的砍砸器凿出。古代先民在沿河谷迁徙时，精壮男子在前面危险地段，开凿可供通行的脚窝，妇女则抱着孩子，沿着小道踽踽而行。直到现在，这些小道还为山区群众在捕捞、采集时使用。在访问中得知，沿着河谷不时能发现这样供人行走的小道。蜀道专家们认为这极有可能就是古代先民开辟的原始小道。

这些原始小道为以后的官驿大道提供了先期准备。之后的驿道也正是经过长期筛选，逐步定型下来，目前被专家们确认的古道有七条，其中四条穿越秦岭。由西至东为：陈仓道，由宝鸡越大散关，经凤县至勉县茶店出口；褒斜道，由关中眉县斜谷进山，从汉中褒谷口出山；傥骆道，由关

中周至进山，至洋县傥水口出山；子午道，由长安区南子午镇进山至安康石泉出山。穿越大巴山的有三条路，由西向东为金牛道，即今勉县西行经宁强入川道路；米仓道，由汉中南行经碑坝进入四川；荔枝道，由镇巴至万源道路，因接涪陵曾为杨贵妃送荔枝而得名。穿越秦巴山脉的古道尽管有七八条之多，但对散居千山万岭间的乡镇村落来讲仍有可望而不可即之感，尚需若干支线沟通，再是战乱与自然灾难，此塞彼通，故古道无不成网状发展。

需要说明的是，当初古代先民自然踩踏、自然发现的原始小道并不是可供车马通行的栈道。把原始小道开辟为官驿大道是古代社会发展到一定历史阶段的产物。秦岭河谷崖危坡陡，溪流湍急，要修大道必须采取特殊方式，也就是栈道。那么，什么样的道路才能称其为栈道？《韵会》称：小桥曰栈。《汉书》载：栈道，飞阁复道相通也。《辞海》中说：我国古代在峭岩上凿孔、架木、铺板而成的道路。

据史料记载，秦人的工艺相当发达，不仅留下万里长城、兵马俑等奇迹，《史记·秦始皇本纪》还提到，秦始皇每消灭一个国家，便在咸阳塬上仿造这个国家的宫殿，以空中阁道相通，“周驰为阁道，自殿下直抵南山”。这种空中阁道从咸阳直到临潼，延绵百里不绝。秦代工匠修筑空中阁道的技艺，很自然地会运用到修筑栈道中去。

更重要的是秦人此时已发现和使用铁器。成书于周秦之际的《山海经》记载秦地有六处产铁，《中国冶金简史》也记载：“近年来，在陕西临潼、咸阳一带，出土了不少秦的铁农具和铁工具，如铁凿、铁铲、铁犁、铁锤等。”铁器的发现和使用，不仅使秦王朝能够开凿郑国渠与广西灵渠、四川都江堰等不朽的水利工程，也为凿架栈道提供了巨大的科技支撑。古人依据不同的山形水势，创造了多种形态的栈道，依据遗迹复原，有五六种之多，最多也最常见的是平梁立柱式，即在临河石崖上凿孔架木，在水中立柱支撑，加上栏杆，铺上木板，便可供人马行走。再是依坡搭架式、多层平梁支撑式、平梁立柱加篷盖等。最绝是一种千梁无柱式，由于河水湍急汹涌，无法在河中安置立柱，于是单把石柱木梁插进悬崖壁孔，再铺上木板，类似今日楼房伸出的阳台。据说，这种栈道还是诸葛亮的发明。在史书中有记载，在秦岭深处太白县境王家楞乡，当年诸葛亮屯军的赤崖残存有七根石梁，足见记载不谬。在秦巴大山中凿架栈道，是秦王朝统一六国之前国力的炫耀，也是早于万里长城和大运河的一项大规模的土木工程。所以，最早记载栈道的《史记》中说："栈道千里，通于蜀汉，使天下皆畏秦。"

在秦巴山脉原始小道的基础上所开辟的官驿大道自然也就成为茶马古道。《新唐书·陆羽传》中说"时回纥入朝，始驱马市茶"，表明早在唐时，北方游牧民族就开始用马匹与中原王朝交换茶叶。《宋史·食货志》所载"汉中买茶，熙河易马"，反映出宋时茶业繁盛的史实。《明史·茶法》中记载，开国皇帝朱元璋下诏："用汉中茶三百万斤，可得马三万匹。"陕西茶马古道的起点和边茶集散地主要在汉中与长安两地。

茶叶的流通路线主要沿着穿越秦巴大山的川陕古道，茶叶的产地主要为陕南的汉中与安康茶区，再是川茶。茶叶的市场主要在甘肃、宁夏、青海、新疆、西藏和内蒙古，并沿丝绸之路远销中亚、南欧、北非等地。有学者认为安康茶北去长安，不须经汉中，而是经子午道，因子午谷南口在今安康境内。子午道南起石泉，经宁陕穿越秦岭，北方出口称"子口"，南方出口称"午口"，故称子午道。在穿越秦岭的陈仓、褒斜、傥骆诸道中，子午道北口距长安最近，出秦岭山口不足三十公里即到长安城下。

《资治通鉴》记载："子午：褒中县，属汉中郡，为王莽所通。"但东汉建和年间，镌刻于褒谷口石门中的摩崖刻石《石门颂》却分明记载："高祖受命，兴于汉中，道由子午，出散入秦。"由此推测，子午道的开通就应是秦末汉初，推理应该更早，否则刘邦的数万人马就不可能"道由子午"到达汉中为王。

事实上，子午道不仅是陕南通往山外的要道，也是连接川东与长安的捷径。唐代是地球的温暖期，杨贵妃所食荔枝四川涪陵便可种植，从涪陵起程，经汉中镇巴、西乡穿越巴山，再沿子午道经石泉、宁陕穿越秦岭，便可将荔枝送往贵妃翘首以盼的临潼华清池了。今日由西安至四川万源的西万公路也大致与古道所经相符。其中穿越秦岭的段落是子午道，其中穿越巴山的部分便是荔枝道。

根据《方舆胜览》记载："由涪陵达长安只用三天，荔枝香色俱未变。"明代诗人王云风《子午谷》诗云："马前铜笛转山频，树底行沿汉水滨。又喜晚炊来子午，曾经春雨忆庚申。采茶调急穿林女，放濑声高荡桨人。何事妖容千载恨，拂衣犹有荔枝尘。"这首诗中"采茶调急穿林女"分明写的是沿途所见陕南茶区景色。

还有必要讲讲在古道上驮运茶叶的马帮。从实际情况看有两种情况，一种是官营，如明弘治十八年（1505）内阁首辅杨一清在《茶马疏》中说当时买马之茶主要来自川陕两省，两省"合用运茶军夫。四川、陕西都、布二司各委堂上官管运。四川军民远赴陕西接界去处，交与陕西军夫，转运各茶马司交收"。这显然就是官营，有专门的运茶军夫。清初学者张邦伸在《云栈纪程》中记载："马道驿备驿马 54 匹，马夫 27 人，协济 2 人。"这些官驿大道所设驿站备有驿马接送货物，其中重要的商品便是茶叶。

由于"茶利大兴"，商人便私自购茶易马。茶马官商则纲纪废弛，贪污腐败，造成胡贩皆愿与私商易马的被动局面。不得已，明弘治三年（1490）始招商，变官营为私营，让商人直接去市场竞争，政府坐享税收之利。

于是在古道奔波的商队便全部依靠私人马帮，据明清两代沿用的《天下水陆路程》载：西安至汉中段，从长安的京兆驿始，经咸阳的渭水驿，兴平的白渠驿、长宁驿，武功的郃城驿，扶风的凤泉驿，岐山的岐周驿，凤翔的岐阳驿，宝鸡的陈仓驿、东河桥驿、草凉楼驿，凤县的梁山驿、三岔驿、松林驿、安山驿、马道驿，褒城的开山驿，再 50 里至汉中府，共 18 驿，即需 18 天路程。马匹要负重穿越秦巴大山，艰难险阻，且要半月之久，只能结伙前行。这就需要有经验的专门人才和专业性马帮。有些经验丰富的赶马人，有了积蓄，有了自己的驮马，但自己没有可从事的商业，只承担运送货物的任务，成为专业马帮。干马帮的大都是底层群众，马帮头甚至马帮庄主也不例外，只要走上了马帮路，就等于在血盆里找饭碗。能干马帮的都是能够吃苦，爱动脑筋，善于总结失败教训的人。“行船走马三分命”，马帮生涯艰辛险恶，更需要患难与共，结成团体。

由于出行一次少则十天半月，多则几月半载，百人百性，只有靠规矩约束，否则无法长久。马帮一旦形成，衣食住行，各自分工，人与马都有整套约定俗成的规矩或禁忌，入了马帮就得遵守。人员、骡马、货物是马帮的三大要素，所以规矩或禁忌也都是围绕这三大要素制定。由于马帮的各项工作完全靠赶马人分工合作，所以每个赶马人都必须具备一定的本事。他们要懂沿途习俗，辨别道路，观测天气，懂骡马性情，再是支帐做饭，砍柴生火，上驮下驮，医人医畜、钉掌修掌，找草喂料，乃至应对突发意外……荒山野岭，举目无亲，如何生存全靠自己，谁也帮不上谁。懒汉二流子根本无法在马帮里混。

其次是马，在马帮中非常重要，没有马，马帮就无从谈起。就大范围而论，适宜行走山道的马，大都被称为西南川马。再是马与驴交配所产的骡子，兼具马、驴优点，体型高大，耐力更强，适合驮货行走。所以马帮十分注意选拔体形较高大、体格健壮的识途好骡来当头骡，它是百里挑一的好牲口，也是多次出行积累下经验的骡子。好马识途，能够起到带路、避险、防盗、识主的多重作用。比如，要渡河时，常是铁索上铺架木板，在风浪中摇摆，常有骡马畏缩不前，这时只要有经验的骡子带头前行，后面依次二骡、三骡、四骡……就会跟上前行，化险为夷。所以，每支马帮十分注意选拔头骡，一个好头骡价格也是一般驮马的数倍。主人对头骡也十分看重，对它们都精心喂养，也着意打扮，比如骡脖悬挂精致的铃铛，还包装上红绸子皮项圈一类。

过去，西北商家大都是靠赶马帮起家，所以马帮与商家天生就有亲密合作关系。在马帮内部，由于大家同吃一锅饭，同睡一处客栈，马帮的利益就是大家的利益，可谓一损俱损，一荣俱荣，因而相互之间亲如兄弟。马帮常年在外，要跟各色人等打交道，宽让容忍、和气为上是马帮都要遵守的规矩，否则就处处碰壁，所以经验丰富的老马帮遇事对人都讲义气。在运货途中，若遇到别的马帮人或骡马病了，都会全力给予帮助；碰到塌方断路，也会合力去修；缺了粮草，也会相互接济。争抢道路，争抢顾客货物，只会两败俱伤，对谁都没好处，这是马帮最为忌讳的。

马帮每次运输上路，事先都要周密安排，详细筹划，马锅头、赶马人各司其职，不能乱套。马帮有严格的规矩，赶马人要绝对服从马锅头的指挥，讲诚信、守信用。既是行业必需，也是生存之道。

马锅头与赶马人之间，多以家族、亲友、乡邻、伙伴等关系为主，有天然关系，再是共同利益，因此，赶马人与马锅头之间的关系容易协调，效率也较高。马帮与商号之间，存在互利关系。有的马锅头就有自己的商号，更与马帮关系密切。这也是尽管历史上改朝换代，马帮却能够生生不息、存在千年之久的根本原因。

在千余年里的茶马互市中，产于汉中和安康的陕青茶和四川的巴蜀茶输出的茶马古道，主要是子午道和贯穿明清的南栈（金牛古道），与北栈（分别利用陈仓北段和褒斜南段的连云栈道）。直到 1937 年抗战前夕，第一条穿越秦巴大山的川陕公路修通，1955 年宝成铁路修通，秦岭巴山不再成为难以逾越的天险，马帮驼队才完成历时千年的使命，逐渐退出历史舞台，茶马古道也成为遥远的记忆……

附录二

茶具中的工匠精神

1981年8月24日中午，陕西宝鸡法门寺传出惊人消息：连日阴雨让其标志建筑“真身宝塔”半壁坍塌！丝路自西汉开通，“丝绸西去，佛教东传”，宝鸡扶风法门寺所以出名，一是始建东汉年代久远；二是葬有佛祖舍利。唐时成为皇家寺院，贞观十五年（641），文成公主远嫁吐蕃，驻辇扶

文成公主塑像

法门寺塔

风驿，因公主信佛，又临远嫁，故专程到法门寺烧香、请愿、布施……全寺僧人曾列队迎送，并做专门道场。

之后，仅是唐朝帝王朝拜便达七次之多，规模之大、影响之巨、耗费钱粮资金之多都极为惊人。据说佛骨迎进长安时，家家备案，户户焚香，万人空巷、争相朝拜。末了，还牵连出一桩载入史籍的文坛公案，被誉为唐宋八大家的文坛领袖人物韩愈谏阻唐宪宗李纯不要耗费巨资大兴佛事，还举例说前朝信奉佛教的皇帝都很短命，梁武帝数次拜佛后为叛军所逼，竟然饿死！惹得唐宪宗龙颜大怒，撤去韩愈相当于副部长级的职务，下放到当时还很蛮荒的广东潮州去做地方官员。名句“云横秦岭家何在？雪拥蓝关马不前”便因这次“一封朝奏九重天，夕贬潮州路八千”的谏迎佛骨而诞生。

如今寺内葬有佛祖舍利的“真身宝塔”坍塌，自然引起各界关注。

后经反复论证，陕西省人民政府决定仿明建砖塔重建新塔。1987 年 2 月，重修时发现塔基下面有用石料修筑的地宫。此项发现使大量的盛唐文物及世界仅存的佛骨舍利得以显露，震惊了中外佛教界和文物考古界，这批文物数量之多，规格之高，尤其是唐僖宗曾使用过的全套茶具，包括金、银、玻璃、秘色瓷等烹、煎、碾、点、洗、储等饮茶器具亮相，其保存之完整、制作之精美、形态之华贵，举世罕见，充分凝聚着盛唐气象，展示了盛唐文明，足以让每个华夏儿女都为之自豪和骄傲。法门寺出土文物多达 600 多件，被誉为继秦兵马俑发现之后“世界第九奇迹”。

这套唐王室宫廷使用的茶具堪称世界上唯一保存千年之久的珍宝。难能可贵的是每种茶器都有铭文，可与同时出土的《物账碑》互相印证，明确是何种茶具与用途。比如《物账碑》载：“茶槽子碾子茶罗子匙子一副七

法门寺出土的唐王朝茶具

事共八十两。”鎏金飞鸿纹银则、长柄勺、茶碾子、茶碢轴、茶罗子上还刻有“五哥”两字，“五哥”是僖宗小时的称呼。《物账碑》上明确为茶器，通过文字与实物研究表明，这套茶具是唐懿宗为储君僖宗所打造，应系唐僖宗在位（873—888）时的专用茶具。这套茶具包括有贮茶器、饮茶器、焙炙器、取火器、碾罗器、佐食器、洗涤器等。有供碾茶用的鎏金壶门座茶碾子，有供贮存茶叶用的鎏金银龟盒，有供放盐和其他调料用的摩羯纹三足鎏金人物画银坛子，有供调茶用的鎏金伎乐纹调达子，有供煮茶用的高门圈足银风炉，有供煮茶时夹炭用的系链银火梃，有供取茶用的鎏金飞鸿纹银勺……整套茶器设计科学，使用方便，质地精良，配套严密，纹饰精美，有金银器、琉璃器、秘色瓷器，附属用物有丝织品、绵麻品等。

让我们选几种皇室茶具欣赏。

法门寺皇室茶具之一：焙炙器——金银丝结条笼子。

唐时已十分注意茶叶的保管与贮藏。为了使茶叶干燥而色味不减，便会把茶放进吸热方便又易于散发水汽的茶焙之中，专门制造了茶叶焙炙器。宋人蔡襄在《茶录》记载：“茶焙，编竹为之，裹以叶，盖其上，以收火也。隔其中，以有察也。纳火其下，去茶尺许，常温然所以养茶色香味也。”这段话把茶焙的作用与形态讲得很清楚。茶焙民间多用竹编，而皇室则为金银丝结条笼子。筒形带盖，横截面为椭圆形，带手提梁，底有四足，全用金丝、银丝编织。盖面稍隆，顶端有塔状丝编物装饰，盖面与盖沿的相交棱线为金丝盘旋成的小圈，盖沿与笼体上沿为复层银片，呈子母口。通高15厘米，长14.5厘米，宽10.5厘米，重355克。玲珑小巧，精美华贵，堪称稀世珍品。

焙炙器——飞鸿毬路纹鎏纹银笼子。

整体呈桶形，通体镂空，为古钱形与菱形孔。带隆面盖，倒“品”字形足，有提梁，模冲成型。直壁、深腹、平底、四足，盖为拱隆，沿带子母口与笼体开合，顶带圆铰环，一银链与笼体相系。盖面笼外壁模冲出相向飞翔的大雁，錾刻羽绒，工艺构图给人以奔放之感。直沿为上、下错开的如意花，以鱼子纹衬底。沿边带耳环，上套鹅形提梁，四足由破叶花瓣粘接呈“品”字形，纹饰鎏金。通高 17.8 厘米，足高 2.4 厘米，重 624 克。

法门寺皇室茶具之二：碾罗器——鎏金鸿雁纹云纹茶碾子。

唐宋时期，茶叶都为饼状，冲饮时需碾碎，作为碾罗器的茶碾子便应运而生。宋人黄庭坚词云：“凤舞团团饼。恨分破、教孤零。金渠体净，只轮慢碾，玉尘光莹。”把用茶碾子碾茶诗意化了，更增添一份对饮茶及种种环节，如碎饼、碾末、冲泡、品饮的神往。

法门寺皇室茶碾子为钣金成型，纹饰鎏金，通体方长。其主体结构为梭状槽外带护槽架；下带座垫，木制；上有可以抽出推进的辖板，用来保持梭槽的干净卫生，形如今日中药铺中的药碾槽。护槽架和底座两端都带如意云头，护槽架两侧为鸿雁流云纹，座壁两侧为镂空壶门，门间錾饰流云奔马。底外錾铭文“咸通十年文思院造银金花茶碾子一枚，共重廿九两”

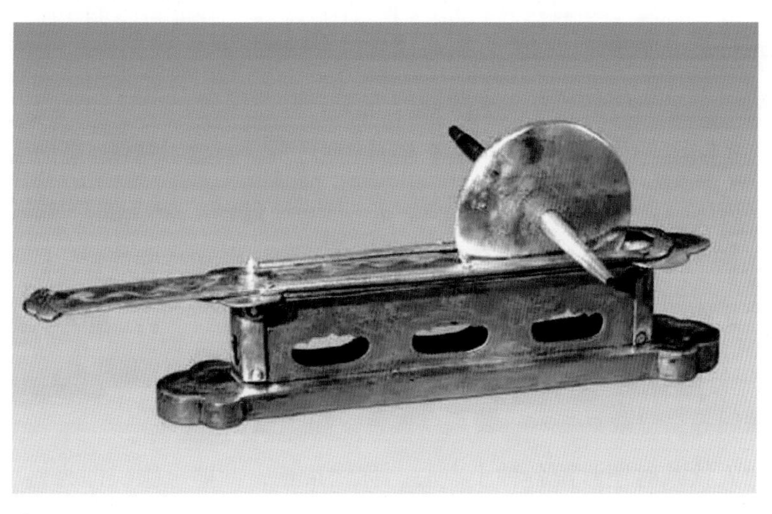

茶碾子

等字。从碾子形制看，一改民间方形碾而更显科学。通高 7.1 厘米，横长 27.4 厘米，槽深 3.4 厘米，辖板长 20.7 厘米，宽 3 厘米，重 1168 克。

法门寺皇室茶具之三：贮茶器——鎏金银龟盒。

唐宋时期，冲饮时需饼状茶叶碾碎，还要用罗筛过滤，然后把茶末进行冲泡饮用。这就需要用贮茶器贮存茶末，为保持茶末的香味要用盒密存。法门寺出土的贮茶器为鎏金银龟盒。此银盒用钣金成型，纹饰鎏金。乌龟形状，昂首曲尾，四足着地，以背甲作盖，盖内焊接椭圆形子母口。龟首及四足中空，龟尾焊接，好似一只乌龟正在爬行，形态生动，栩栩如生。银盒通长 28 厘米，宽 15 厘米，高 13 厘米，重 818 克。

法门寺皇室茶具之四：贮盐器——鎏金摩羯纹银盐台。

唐时饮茶需加盐，此贮盐器便为加盐而造，由盖、台盘、三足架等组成。盖顶为莲花形捉手，中空，有铰链可开合为上下两半，焊接并与盖相连。盖心饰团花一周，面饰四尾摩羯，盖沿为卷荷形三足架，与台盘焊接相连，好似一朵平展的莲叶莲蓬。支架以银箸盘曲而成，中部斜出四枝，枝头两花蕾两摩羯，通高 25 厘米。支架有錾文："咸通九年文思院准造涂金银盐台一枚"，錾文明确表明此为盛盐的盐台。茶圣陆羽在茶道发展过程中，也主张对茶中加盐，使这一方法得以延续至晚唐。

法门寺皇室茶具之五：点茶器。

茶圣陆羽《茶经》对点茶法有提及："乃斫、乃熬、乃炀，贮于瓶缶之中，以汤沃焉，谓之庵茶。""庵茶"亦即在盏内点茶。从地宫出土文物看，属于点茶之器不在少数。秘色瓷中，两种碗的口径和高度都较大，很显然不适合于作餐具，也不适合于饮用器，作为点茶之器来说，越窑生产之青瓷很受饮茶之人喜爱，因茶水注入后令人感到格外的鲜绿和清爽。

法门寺皇室茶具之六：装茶点鎏金银碟。

唐人饮茶时还常配各种小点心，称之茶点，此鎏金银碟即为盛小点心之用。钣金成形小银碟，纹饰涂金，共 20 件。有带圈足或无圈足之区别。五瓣葵口，浅腹。碟心为阔叶团花一朵，每瓣有十字形折枝花朵，平底。高

鎏金团花纹葵口圈足小银碟

1.4 厘米，径 10.2 厘米，圈足高 1.9 厘米，重 120 克，共 10 件，形制相同，皆钣金成型，纹饰鎏金。碟缘为五曲菱形，浅腹，平底。腹壁以凹棱分作五瓣，每瓣内錾刻饰一朵十字形折枝花，碟心饰一朵阔叶团花，口沿錾刻一周简化的莲瓣纹，用此银碟盛小茶点，令人赏心悦目，可增进食欲。

法门寺皇室茶具之七：素面淡黄色玻璃茶碗。

此玻璃茶碗显然系饮茶之用，圆形，通体光洁，倒喇叭形收于小底，底外凸一小包，环棱圈足，与茶托配套使用。通高 4.5—5.2 厘米，腹深 4 厘米，口径 12.6 厘米，底径 3.5 厘米，重 117 克。国内外专家一致认为，法门寺出土的玻璃是来自西亚伊斯兰国度。显然系丝路畅通，商贸繁胜的结果。

法门法门寺皇室茶具之八：煮茶器。

唐人饮茶要煮水，于是便造出煎汤烹茶的风炉。

煮水烹茶，需要燃料，用炭自然最佳。唐时白居易有名诗《卖炭翁》，可见唐时炭已普及。炭火有焰且为活火，故煮水烹茶要专门炉具。法门寺出土风炉置于装有秘色瓷碗等具的漆盒上面。地宫《物帐碑》中记“银白成香炉一枚并承铁共重一百三十两”，此炉当为煮水烹茶之用，与陆羽《茶经·四之器》所叙“风炉”形制相同。

法门寺地宫所藏全套宫廷茶具的出土，恰好是对陆羽《茶经》中记述的 24 种茶具的实物印证，表明唐时饮茶已经是普遍风尚。人们通过对各种茶具功能的了解，也会更加深入了解茶在日常生活中的重要，进而联想到茶的种植、栽培、管护、采摘、制作、运输、交易……以及由此产生的茶农、茶商、茶人、茶馆、茶税、茶政、茶具制造、茶马交易、茶绢交易……构成的一幅生机勃勃、有声有色的茶叶生产、销售、消费链条百行百业风俗图卷。

唐代宫廷茶具的制造正是在唐代茶业繁盛的社会背景下才会出现，法门寺地宫出土全套唐代宫廷茶具绝非偶然。关键是茶业在唐代发生根本性的飞跃，出现了茶史上标志性事件。比如陆羽撰写的《茶经》，文章合为时而作，任何一种物品只有发展到繁盛时期，才会出现用文字作文化总结，茶已成为一种专门学问、一种引人关注的学术，也可以说开创了中国乃至世界最早的茶学。唐代开始对茶施政、设立榷税，这是继秦汉对盐铁实施官营收税之后新的税种，也是茶已普及整个社会并对国家经济文化产生重要影响之后才会有的举措，更表明茶不仅仅是一种产业、一种生活用品，由于宫廷、贵族、文人、僧侣的介入，在饮茶过程中，注入了和平、散淡、中庸的思想，而升华为一种具有民族特色的时代精神，一种渗透到社会各个阶层的民族风俗，直接影响到中华民族性格的塑造。当然，这种由生产的物品升华为文化的现象,也和正处中国封建社会鼎盛时期的唐王朝不可分割。

中华民族经历夏商，周秦创制，垂范后世，汉唐拓疆，国都长安被渭水、泾水、灞水、浐水、沣水、滈水、潏水、涝水等八条河流环绕，各自以迷人风姿，流过苍茫无垠的关中原野。早在春秋战国，秦国便修筑了郑国渠，利用渭北高原二级台阶引泾水自流灌溉泾阳、三原、高陵等县土地多达 280 万亩。司马迁在《史记》中说关中“南山（秦岭）有竹木之饶，北地有畜产之利”，关中平原“男有余粟，女有余帛”，可以说长安是当时世界经济最为发达、社会高度文明的地区。

公元582年隋文帝在汉长安城东南龙首原下新修大兴城，规模宏大、结构严谨、宏伟壮丽。用建筑大师傅嘉年的话说："大兴城是人类进入资本主义社会以前所建的最大的城市。"唐长安城正是在隋大兴城的基础上，修建了大明宫、兴庆宫、大小雁塔、东市西市，使城市面积达84平方公里。其中，大明宫的修建把盛唐气象与中国工匠的建筑水平展示得淋漓尽致，大明宫从贞观8年开工，历时30年始落成，相当于明清故宫。但面积却是故宫的6倍，含元殿的面积是紫禁城中太极、中和、保和三殿面积总和，巍然屹立在龙首原上，殿基高出地面40余尺，这是唐王朝百官集会议事之处，为方便朝臣上殿议事，在殿前修筑两条斜坡阶道，各长70余米，宛如卧虎垂尾，使得含元殿益发雄伟。每当朝会或庆典，百官与各国使节沿台阶逶迤而上，可同时供万人集会的含元殿肃穆庄严。远处的终南山（秦岭）青翠欲滴，白云飘拂；以朱雀大街为中轴线的长安城尽收眼底，远道而来的各国使节无不为这座屹立在东方大地的宏伟建筑而震撼，大唐威仪真正四方辐射，万国来朝。当时中亚客商、留学生、日本遣唐使滞留长安城中多达3万。他们留恋长安城的开放风气和繁华昌盛，更希望学习到唐王朝的典籍制度，仅在唐王朝做官的就达数百人。一条长达10公里，宽达155米的朱雀大街把长安城一分为二，全城有南北方向大街11条，东西方向大街14条，街道宽度在几十米到上百米不等。"百千家似围棋盘，十二街如种菜畦"，这是白居易对唐长安城的描述，依据史籍与考古证实，诗人的描写十分真切。今日西安城仅是唐长安城面积的七分之一，其时古罗马城人口不过10万，已堪称繁盛，而唐长安城人口超过百万，是当时世界第一流的国际大都会。唐代注重绿化，街道三丈而树，栽种国槐，从贞观到开元，百年间树木皆长成环抱巨树，浓荫如伞，整个长安城中宫殿巍峨，绿树掩映，曲江环绕，鸟语花香；"寻春与送寻，多绕曲江滨"，"三月三日天气新，长安水边多丽人"。唐代诗人对当时社会的描写让我们今天都为之振奋和神往。唐王朝也确实国力强大，市井繁荣，文化昌盛，尤其诗歌、绘画、书法、音

鎏金仙人驾鹤纹壶门座茶罗子

乐、歌舞、雕塑都内容丰富，风格多样，美轮美奂，绚烂夺目，达到经典性的完美，让我们今天都为之骄傲，为之自豪。

茶圣陆羽说："茶之为饮，盛于国朝（唐）。"茶在唐代之前称"荼"，唐代正式称茶，茶正式成为一种生产产品和饮用文化。唐人普遍饮茶，文人嗜茶，道士饮茶，军人饮茶，王公大臣无不饮茶，直至皇帝嗜茶，不善饮茶会遭人白眼。唐人以茶代酒，以茶代礼，以茶送行，以茶祭祀，茶渗透到生活中的一切领域。唐人对茶的功效的认识，比前人大为深入，认为茶可解酒，茶可消夏去暑，茶可解烦恼，茶能去腻膻，茶能延年益寿，等等。唐代的茶人精于茶艺，茶楼茶馆的出现，使饮茶成为时尚。饮茶把生活需要同精神追求结合起来，使饮茶有益健康、有助悟道参禅，亦有助吟诗撰文及以艺术享受。以陆羽为代表的茶学专家出现，著书立说、以文言茶、以诗言茶，唐代茶风茶文化正是在这宏大的背景下产生，并生生不息，延续下来，形成今天有关茶的宏大气象。种茶、培植茶树、采摘茶叶、制作茶所积累的丰厚经验与手工工艺，饮用茶时需要的全套茶具，无论是皇家名贵的金银制品，还是寻常百姓的瓷陶竹编，其中都会引发多少能工巧匠，精绝工艺！

中国古人在铸造各种生活中衣食住行所需的用具、工具、农具、家具、餐具的当口，最初大抵出自实用或与同行竞争的目的，会把活儿干好，但在这个过程中，不知不觉会注入情感，产生审美，不经意间工具成为工艺品，生活品成为艺术品，甚至达到登峰造极的地步，让后来者羞愧仰视，诚惶诚恐，叹为观止。法门寺出土的皇室茶具，显然就属此类。当然，李氏皇室可能会在全国挑选能工巧匠，集中在皇家营造坊的工匠应该是代表着一个时代的最高水准。同时，唐僖宗在位（873—888）时已是晚唐，立国二百多年，历经贞观、开元盛世，工艺达到鼎盛。还要考虑一个因素，工匠大多世代相袭，如同许多文化世家，血缘基因，家庭影响，也常促使某个工匠家庭诞生出卓越的巨匠。直接造就一个时代的灿烂文明，以致后世再也难以超越。这便是法门寺出土的唐王室茶具带给我们的启迪与认识。

法门寺出土的金银茶具把关于茶的大千世界逼真地展现在眼前，无怪一位文物专家在参观了法门寺出土的唐僖宗使用过的金银茶具后发出感叹：要了解盛唐，这批文物就足够了，几乎每件文物都可以写出一部厚厚的专著。（本附录图片由王蓬供图）

后 记

余年过七旬，饮茶超过半个世纪，但从未想过写部茶叶专著。此事缘于同张志春教授的交往，要说也颇传奇。1970年，我已经回乡务农六年。偶然为一位女知青遭际打动，萌发写作念头，趁雨天不能下地，去村里合作医疗站拿了一叠处方笺，找了半截铅笔，当晚就写了篇所谓“小说”。1980年，我偶然翻出，抄改出来，投寄出去，先后接到《上海文学》《鸭绿江》采用通知，又被退回。最后发表于陕西师范大学办的刊物《渭水》。参与编刊的正是1977年考进陕西师范大学中文系的张志春。40年间，有过通信打过电话而不曾见面，直到都退休在微信偶然说起唐三彩，张教授说唐三彩“非遗”传承人，他与之相识，可介绍见面。于是，我兴冲冲赴西安，张教授为性情学人，我与他一见如故，还一起寻访一位长安泥人高手苗春生，事后我写出《长安访艺》。故张教授邀约加盟《原创文明中的陕西民间世界丛书》承担“茶叶卷”便无法推却。但细览要求与内容，却心生畏惧，因要采访多位“非遗”传承人，分布在不同茶区，还要翻检历代与茶相关典籍，烦不胜烦。解决办法是与女儿王欣星共同完成，由她翻检历代典籍，我承担采写，她再梳理校正。

于是北上泾阳，东去紫阳，西赴略阳，南去西乡，见识多位茶叶手工制作“非遗”传承人，先掏回素材，再伏案三月，赶在女儿王欣星暑期放假梳理校正。总算交出文稿，至于结果，只能由读者和岁月去鉴定了。

2020年9月10日